SHODENSHA
SHINSHO

靖国の軍馬

戦場に散った一〇〇万頭

加藤康男

祥伝社新書

本書は「ＷｉＬＬ」二〇一六年二月号から五月号までと「Ｈａｎａｄａ」同年六月号から二〇一七年二月号までの連載に加筆・修正、を加え、一部割愛したものです

まえがき

もとより馬に関する知識などまったく持ち合わせていない私に、軍馬を語る資格などあるはずもなかった。

それが、あるとき靖國神社の拝殿と遊就館《ゆうしゅうかん》の間にひっそり建っている軍馬像を見かけた日から、馬を見る目が変わったのだ。その馬像は見るからに静謐《せいひつ》で、勇壮にいななくような姿からは縁遠く、初めは軍馬像だとさえ思われなかった。御影石《みかげいし》の台座を見ると「戦没軍馬慰霊像」と彫られており、私はしばし打たれたようにその馬像の前に立ち尽くしたものだった。

調べてみると、明治時代の日清・日露戦争から大東亜戦争終結までの間に、なんと百万頭あまりの軍馬が徴用され、兵とともに戦死しているのだという。そのうち、帰還できた馬はわずかに一、二頭。靖國神社に建立されている馬像は、その百万戦没軍馬を慰霊するためのものだとわかった。

私はそれまでの軍馬への無知を恥じるとともに、軍馬たちがどのようにして生産農家から徴発《ちょうはつ》され、戦場へ送られ、その末に斃《たお》れたのかを追跡してみたいと思うようになった。

その背中をさらに押してくれたのが、盛岡市在住のジャーナリスト・澤田昭博氏から送っていただいた映画『馬』のＤＶＤであった。昭和十六年封切りの同作品は山本嘉次郎監督（チーフ助監・黒澤明）、主演は高峰秀子。作品内容は本文をお読みいただくとして、この映画の最大の見せ場は農家の娘・高峰秀子が丹精を込めて育てた馬が、馬市《おせり》で高値がついて軍に買い取られてゆくシーンであろう。愛馬と別れるのはいかにも辛《つら》いが、この手で育てた馬が戦地でお国のために働くのだという感慨もまた、生産農家の励みでもあった。

今日では大部分の読者の身の回りでも、現実の馬を見ることは少ないのではないだろうか。競馬場へでも出向かなければ、馬を直接見る機会もないほど、われわれの生活から馬は消えかかっている。農耕馬や荷車を曳《ひ》く馬など、何十年も前に機械にとって代わられているのが現実だ。

かつて、日本では多くの軍馬が各地で生産され、その軍馬の活躍なくして軍は戦えなかった。国民のすぐ側《そば》に軍馬がいて、軍馬と兵との深い繋《つな》がりを示す物語が無数に生まれたのである。

だが、その物語は終戦とともに消滅し、語られることもきわめて少なくなった。そこで、今回私は残る資料を探し、軍馬と国民を繋いだ歴史の断片を掘り起こし、記録に残したいと思うに至った。したがって、これから述べる軍馬のいくつかの物語は、いずれもつい数十年前までは現実にわれわれの眼前にあった事実ばかりである。国民と馬、国家と馬が不可分に一心同体となっていた時代が確かにあったことを、記憶に留《とど》めておきたいと思ったのだ。

きっかけは靖國神社の馬に押されて書き始めることになったわけだが、これが百万戦没軍馬の霊を慰《なぐさ》める一助になれば望外の幸せである。

本書は雑誌連載にあたっては月刊『Ｈａｎａｄａ』編集長・花田紀凱氏、同編集部・沼尻裕兵氏のお力添えをいただいた。さらに新書上梓に際して祥伝社書籍出版部長・岡部康彦氏、同編集部・水無瀬尚氏のご尽力を賜《たま》わった。合わせて御礼を申し上げねばならない。

平成二十九年七月

加藤康男《かとうやすお》

目次

第一章　靖國神社の軍馬慰霊像

第二章　国民の歌・国民映画と軍馬

I．歌と映画にみる軍馬

Ⅲ・昭和天皇、明仁皇太子の馬術力

第四章　輜重《しちょう》輸卒が兵隊ならば、蝶々トンボも鳥のうち

第五章　テンノウサマの馬が泣いている

第六章　前線の軍馬はどう記録されたか

第七章　世界戦争史、最後の騎兵戦「老河口《ろうかこう》作戦」

第一章　靖國神社の軍馬慰霊像

白馬「白雪」に騎乗して天長節観兵式に臨む昭和天皇

I．戦没馬の運命

百万軍馬の身代わりとして

先の大戦には、いくつかの語られざる逸話がある。むろん、それらは戦史の専門書のなかに分け入ればそれなりに語られてはいるが、多くの人々、とりわけ若い世代に知られることは少ないのではないか。

これから語ろうとする軍馬の話は、特に表に出にくい戦史の筆頭株といって差し支えない。華々《はなばな》しい戦果を挙げた真珠湾攻撃やマレー半島、シンガポール陥落戦からも、反対に玉砕した島々の悲史からもこぼれ落ちているのが、多くの将兵とともに斃《たお》れた軍馬たちなのである。

私は軍事学や戦史については門外漢だが、残された史料や関係者に出会うことで、さまざまな軍馬史の実態を見聞きする機会に恵まれた。その結果、軍馬の歴史の一コマ一コマから、かつては国民と兵と馬とが三身一体となって結ばれていた時代があったのだと改めて気づかされたのである。

　その面影は今日、薄らいだとはいえまだ残されている。

　東京・九段の靖國神社、正面の拝殿と遊就館《ゆうしゅうかん》の間に「戦没馬慰霊像」という馬像がややひっそり建立《こんりゅう》されているのをご存知だろうか。

　軍馬像と並んで軍犬、軍鳩《ぐんきゅう》の慰霊像もあり、彼らもまた前線で血に染まったまま斃れたのだ、と訪れた人をしみじみとさせる。

　なかでもひときわ目立つ鈍色《にびいろ》の馬像の高さは、ほぼ実物大（体高＝肩までの高さ＝約一メートル五十八センチ）の鋳銅《ちゅうどう》製。御影石《みかげいし》の立派な台礎の上に四本の脚《きゃく》を踏まえ、清々《すがすが》しい姿で祀《まつ》られている。

　台座の正面には「戦没馬慰霊　北白川房子内親王書」と刻されており、裏面には「彫塑　伊藤國男　昭和三十三年四月祥月　戦没馬慰霊像奉献協賛会建之」とある。つまり、像の製作者は伊藤國男《いとうくにお》という彫塑家だったことが分かる。

　伊藤國男（一八九〇〜一九七〇）は生涯に一千数百点もの馬像を製作した彫塑家だが、晩年になってどうしても戦場に斃れた馬を慰霊したいと思い込み、私財を擲《なげう》ってこの像の製作に打ち込んだという。

　また、北白川房子《きたしらかわふさこ》は明治天皇の第七皇女（母は側室である権典侍《ごんてんじ》・園祥子《そのさちこ》）として生まれ、北白川宮成久《なるひさ》王に嫁《か》した女性である。

房子内親王がこの台座に揮毫《きごう》したのは、奉納に積極的な努力をした元皇族の竹田恒徳《たけだつねよし》がかかわっていたためではないかと思われる。竹田恒徳の母・昌子《まさこ》は明治天皇の第六皇女、すなわち房子の実姉という血縁にある。

この慰霊像製作から献納までには数年を要し、実現の陰には多くの関係者たちの尽力があった。

靖國神社に残されている文書によれば、伊藤國男が馬像の奉納を申し出たのは昭和二十八（一九五三）年三月一日とある。伊藤がようやく鋳造の完成を見た日であろうか。靖國神社社務所に残されている「御神馬《ごしんめ》奉納願」には、次のような鋳造者の熱い思いが込められていた。

「皇軍将士に協力して共に戦没したる幾十万馬の霊を慰めんため、最も縁も深き靖國神社に奉納致し度思ふ次第です」

それから四年ほど、馬像は完成したものの、資金不足から台座が造れずに倉庫で眠っていた。これを聞いた元宮内庁主馬寮《しゆめりよう》馬監・城戸俊三《きどとしぞう》（昭和七年のロサンゼルス・オリンピック馬術選手）が奔走、知り合いの元騎兵連隊将兵や馬主などに声を掛けた。

竹田恒徳、今村均《いまむらひとし》（元陸軍大将）、遊佐幸平《ゆさこうへい》（元陸軍少将・馬術家）、安井誠一郎《やすいせいいちろう》（当時の東京都知事）らが集い、昭和三十二年四月、戦没馬慰霊像奉献協賛会（理事長・元子爵・西尾忠方）が結成される。そして彼らの尽力によって浄財が集められ、献納に必要な台座の製作を完成させたのだった。

靖國神社にひっそりとある戦没馬慰霊像

昭和三十三年四月七日、ようやく「献納願」が靖國神社の筑波藤麿《つくばふじまろ》宮司宛に提出された。馬像と台座製作にかかった費用は「時価五百万円を越します」と記されているが、最も重要な献納精神の核心は次の一言にあるように思われる。

「鋳銅馬像　一基
右戦没馬慰霊の象徴として、靖國の神々にお伴させたき念願にて、茲に献納奉ります」

つまり靖國神社に据えられている戦没馬慰霊像は、戦没軍馬たちの身代わり総代として神々にお伴《とも》しているともいえよう。

帰還できた馬は一、二頭

靖國神社に慰霊像が建立されるや、これを機に全国各地でも続々と戦没軍馬の慰霊像建設の気運が高まった。

全国各地の護国神社や騎兵連隊の跡地、畜産牧場や軍馬補充部跡地といった場所に、軍馬慰霊像が建立された。個人による建立もあるのでその数は正確には摑《つか》みきれないが、全国でおよそ百基は下らないと思われる。

たとえば昭和三十七年（毀損《きそん》したため昭和五十四年に再建される）、新潟市内の護国神社に建てられた「新潟県軍馬慰霊碑」を例にとってみよう。

「――外地にあって大東亜戦争の終戦に際会したものは悉く内地に送還されることなく、悲惨な最期を遂げたものも少なくなかったことに想い到れば哀惜の情腸を断たれるを覚えるのである」

台座裏に彫られた碑文の一節だが、毎年秋になれば慰霊祭が催され、七十年前に斃れた馬の霊にいまでも変わらぬ誠を捧げている。

北海道から九州に至るまで、軍馬像のないところはないのではないかと思われるほど建っているものの、一般にはもはや振り向かれることも少ないのが現実だ。建立に心血を注《そそ》いだ騎兵連隊や砲兵学校卒業生、軍馬補充部などの関係者の世代が高齢化したため、保存・維持や慰霊祭の開催などが次第に困難になっている実情があると聞く。

わが国の軍による徴発馬の総数は、日清・日露戦役から大東亜戦争終結までのおよそ百万頭あまり。史料によって頭数に差異があるものの、日清戦争時には約十三万頭、日露戦争で約四十七万頭、そして大東亜戦争（満洲事変以降）では数十万頭が戦場に送られたと推定される（帝国競馬協会編『日本馬政史』、武市銀治郎『富国強馬』、偕《かい》行社《こうしゃ》『軍馬・軍犬・軍鳩合同慰霊祭』パンフレットなど）。

厳密な数字が摑みにくいのは、敗戦時に所轄の農林省と陸軍省が馬籍簿《ばせきぼ》（馬の産地、名称、年齢、体高が記載された戸籍簿）をすべて焼却処分したためである。

それだけ馬は「生きた兵器」と考えられ、その配備や数が秘密情報扱いだったということでもある。将兵でも白木の箱だけの帰還者は無数と言われ、いまなお還《かえ》らぬ遺骨が山野や海底に数知れず眠っているのと同様に、百万軍馬もまた兵と枕を並べて非命に斃れたのだった。

いずれにせよ、軍馬は斥候《せっこう》や戦陣を駆けめぐる乗馬として、また重い火砲を輓《ひ》く輓《ばん》馬《ば》として、軍需品を背負い搬送する駄馬として、戦地に赴《おもむ》いた。

そのほとんどが祖国帰還を果たせず、屍《かばね》を野辺に晒《さら》したもの数知れず、奇跡的に帰還できた馬はわずかに一、二頭と言われている。

池部良少尉の軍馬

軍馬は戦地でどのようにして斃れていったのだろうか。支那大陸や東南アジア方面の各戦地はもちろんのこと、南太平洋の島々にまで馬は送られた。熱帯雨林や珊瑚《さんご》礁《しょう》の小島では馬の生息そのものが困難で無意味と思われたが、案の定、密林や離島で多くの馬が戦死した。その詳細はのちに改めて触れるとして、ここではそのなかから二例ほど戦死軍馬の実例を見ておこう。

俳優の池部良は昭和十九年春先、北支那山東省南部の嶧県《えきけん》に駐留する部隊に勤務していた。小さな炭鉱町である。

彼は第三十二師団衛生隊・輜重《しちょう》第二中隊の新任士官（少尉）で、馬六十九頭を抱える輜重小隊長だった。輜重とは軍需品の輸送任務を負う科だが、詳しくは別の項で述べたい。

その池部にある日、上海を経て南方の島へ転進せよとの密命が下ったが、行き先は軍事機密により教えてもらえない。船団が組まれ、池部たちは「天空丸《てんくう》」という二千五百トンの輸送船で揚子江から東シナ海を横切って太平洋を南下していた。やがて船団には、ミンダナオ島ダバオ港を目指していることが知らされた。

池部良はこの時の記憶をもとに体験記を残しており、輸送船に乗せられた軍馬の悲劇を知ることができる。

「舟の揺れは、小刻みから、ゆったり大きくに変わっていた。これ以上、揺れが激しくなったら、荷崩れしないか、と心配になって来た。輜重兵としては、当然な神経の使い方だ。船橋の真下にある、第一船倉の鉄梯子を下りた。五段も降りたら、馬の大小便の臭いが鼻をつく。二年半も馴染んで来た臭いだから苦にならない。

それから二十何段下りたら、鉄板の床に足が着いた。

『馬匹《ばひつ》六十九頭、他、積載物品、異常ありません』

厩《うまや》当番の先任上等兵が、直立の姿勢で、報告したつもりらしいが、船の揺れ方がひどく、二、三歩左右に行っては戻る。

『現在、怪我はありませんが、揺れるんで、馬同士がぶつかり合ったり、滑ったりで』

『そうか』と言ったものの、馬がよろけるのを防ぐ手が思いつかない。

『馬の飲料水、この先、三日ともたないと思います。みんなばしゃばしゃ溢れてしまって。それとですね。馬の大小便の始末、どうしたらいいんでありますか』

と言った。なるほど、馬糞も小便も、六十九頭が、のべつ幕なしで排出しているわけだから、その貯まる量も、推して知るべしだ。

そのときだった。激烈な爆発音。弾《はじ》かれるほどの振動。額を天井の鉄板に叩きつけられて、気を失った。

敵潜水艦、魚雷水雷の攻撃を喰らったに違いないという、漠然とした現実感を意識した。船は、左に三十度近く傾いている。船倉の底から、真っ黒い海水が波を打ち、泡を噛んで、せり上がっている。馬の首、人の頭が、立っては消える泡の間に浮き沈みするのが、瞬間的に目を射る。

(船長が)『よしっ。退船』と命令を送り返してきた。輸送指揮官が、退船命令を出すのが本当じゃないか、と瞬間、疑ったが船長が意を決したとあれば、退船条件も逼《ひっ》迫《ぱく》しているに違いないと思った。

二次、三次爆発が起き、いつなんどき沈没するかも知れない危険を感じたからだ。『ロープに摑まれ』。空から、声が落ちて来た。日本海軍駆逐艇が、救助に現れたのだ。白い戦闘帽の士官が、落ち着いた動きで入って来た。

『ただ今、本艦は戦闘行動を終了、ハルマヘラ島、ワシレ湾に向かいます』

ハルマヘラ島、初めて聞く島の名前だ。

『天空丸』の船倉で、六十九頭の馬と一緒に爆死したと思える八名の兵は、どうにも救いようがなく、無念なことだった」(『ハルマヘラ・メモリー』／抄出)

この輸送船団に乗せられた馬は総計五百頭余り、そのすべてが南溟に没したのである。兵はそれでも友軍に拾われることがあるが、爆破された輸送船から救出された馬は一頭たりとも記録にない。

出発前、池部小隊長は中隊長に対して、こう進言している。

「で、向うへ着いてからの馬糧《ばりょう》はどうするんですか。苦労をかけて連れて行き、敵の弾丸に当たって死ぬならまだしも、食べるものがなくてむざむざと死なせてしまうのは、あまりにも残酷だ」

しかも、馬は島に上陸して餓死する前に、敵潜水艦のために水没したのだった。

池部良は敗戦後、昭和二十一年六月まで現地で抑留され、その後復員、銀幕にカムバックした。『青い山脈』『暁の脱走』などがヒットし、人気俳優として不動の地位を築いたことは周知のとおりである。

愛馬に救われた命

もう一例、挙げておこう。村上一男という陸軍士官学校卒（第五十二期）の将校が、愛馬の犠牲のお陰でわが一命を救われた体験記である。

「昭和13年5月、私は第１０６師団通信隊附を命ぜられ中支に出動した。私の乗馬『有橋号』は第１０６師団以来の馬で、各戦闘に共に参加し、我が子とも我が半身とも頼りにしてきた馬である。馬当番の上等兵も目に入れても痛くない程可愛がっていた。

昭和16年5月初め、遠安作戦が開始された。私は『有橋号』に騎乗、通信隊の先頭を前進した。5月9日、関羽（引用者注・三国志に登場する武将）が戦死した地とも伝えられる観音寺北方拝仏台附近に於いて、生死を分かつ運命の展開となった。突然鞭で背中を叩かれた様な感じがしたと思った瞬間、私は空中に吹き上げられて落下、両足を前に投げ出して坐っていた。後で分かったことだが、乗馬の後足が地雷を踏んで爆発したのだった。『有橋号』は馬体の半分以上木端微塵《こっぱみじん》になって即死。当然私も粉々になって戦死というのが常識であるが、幸いにも私の体は両下肢30数ヵ所に大小の破片が突き刺さっていたが、五体は満足であった。

『有橋号』が身をもって私をかばい、身代わりとなって壮烈な戦死を遂げたのである」（『偕行』平成四年十二月号／抄出）

紹介したのは、戦没軍馬のほんの一例に過ぎない。伊藤國男はこうした百万軍馬への慰霊を思い立ち、馬像献納の意欲に駆られたのだろう。

軍馬・軍犬・軍鳩慰霊祭

百万頭あまりの戦没軍馬の霊を慰《なぐさ》めるべく建立された靖國神社の軍馬像の隣りには、その後、相次いで軍鳩と軍犬の慰霊像も建てられた。軍馬とともに戦没した彼らについても触れておこう。

方向感覚に優れ、長距離の飛行にも耐え、かつ帰巣《きそう》本能を持つ伝書鳩は通信兵として戦場で活躍した。記録によると、大正八（一九一九）年には軍用鳩の本格的訓練が始まり、同年七月、シベリア出兵には鳩通信部隊が、昭和三（一九二八）年四月の第二次山東出兵時には鳩通信班が派遣されている。

その後、満洲事変、支那事変、大東亜戦争と数万羽の鳩が従軍したが帰還を果たした鳩はなく、昭和五十七（一九八二）年、地球儀の上で羽ばたく鳩魂塔が建立された。

軍犬慰霊像の建立はこれより遅く、平成四（一九九二）年だった。わが国における軍犬の運用は日清・日露戦争時にも少数みられるが、正式採用は大正十一（一九二二）年に始まる。

組織的な訓練が行なわれるようになったのは昭和六（一九三一）年の満洲事変からで、その後は大陸に南洋諸島にと多数、送られている。品種はシェパードを主にドーベルマン、エアデールテリア（英米などではラブラドール・レトリバーも軍犬とした）などで、伝令、警戒、捜索、運搬、襲撃にと活躍した。

靖國神社にある軍犬慰霊像（上）と鳩魂塔（下）

脚力、暗夜でも見通せる暗視力、鋭敏な嗅覚は前線で大いなる戦力となったが、馬、鳩と同様、兵士とともにすべて戦場に斃れたのである。とりわけ、沖縄やペリリュー島などの激戦地での活躍はいくつもの伝説となっているが、無念にも敵の艦砲射撃や機銃掃射に落命した犬の数がどれほどであったかは知れない。

平成二十七（二〇一五）年四月五日午後一時、「第四回軍馬・軍犬・軍鳩合同慰霊祭」が靖國神社で開催された。

軍馬だけの慰霊祭は、昭和三十三年四月に馬像が奉納されてから二十年後に当たる昭和五十三（一九七八）年四月、午年《うま》に合わせ「愛馬祭」として初めて開催された。以後、慰霊祭は各騎兵連隊関係者の主催によって毎年四月七日前後の日曜日に行なわれてきた。平成二十三年まで軍馬単独の慰霊祭として催されてきたのだが、翌二十四年以降、軍犬、軍鳩も合わせて合同慰霊祭として執り行なわれるようになった。

平成二十七年四月五日の日曜日はあいにくの雨天で、馬像前ではなく遊就館本館玄関ホールで式典が開かれた。

雨に散るサクラが靖國の庭に舞うなか、私も祭場の隅から慰霊祭に参加した。全員で国歌斉唱、次に修祓《しゆうばつ》、降神の儀、祝詞《のりと》奏上などと続いたあと、『愛馬進軍歌』『軍用犬行進歌』『勇ましき軍鳩』の曲が流れた。私などは『愛馬進軍歌』以外の二曲は初耳だったが、高齢と見受けられる出席者のなかには、曲に合わせて口ずさむ姿もあった。

玉串奉納などが続き、すべての儀式が終わる頃には雨も小止みとなっていた。そのとき、神職の手で竹籠に入れられていた数十羽の白鳩が一斉に空に放たれた。靖國の社《やしろ》の上を大きく旋回する鳩を全員で見送りつつ、合同慰霊祭は幕を閉じたのだった。

切れている軍馬像の尻尾

伊藤國男が精魂を傾けて奉納した軍馬像の前に改めて立ってみた。よく見れば、馬像の尻尾がなぜか途中で切れて製作されている。これまで見落としていたのだが、なぜ靖國の軍馬だけ尻尾が切り落とされているのだろうか。全国各地の護国神社などにも軍馬の慰霊像が建立されているが、手許の資料で確認した限り、尻尾が切れている馬は例がない。

合同慰霊祭の開催を偕行社とともに裏方として支えてきた飯田正能氏（陸士六十一期）にその訳を尋ねてみたが、はっきりした理由は聞いたことがないという。事実、尻尾が切り落とされている理由を書いた史料も見当たらない。

かつて父親が伊藤國男の馬像製作の際、幾度もその鋳造を担《にな》い、自分も手伝ったという美術鋳造家・岡宮慶昇氏（川口市在住）を訪ねて話を聞いた。

「伊藤先生が尻尾を途中で切られた理由は分かりませんが、戦場で斃れた愛馬の鬣《たてがみ》を切り落として復員したという話はよく聞きます。鬣なしの像は作れないので、その代わりに尻尾を切って戦没軍馬への慰霊の心を表わしたのかもしれませんね」

伊藤は明治二十三（一八九〇）年、岩手県に生まれた。岩手県に入ってまもなく、東北本線に山ノ目《やまのめ》という小さな駅がある。一ノ関の奥で、一帯は南部馬の産地である。小さな神社の神官の父と、下級武士の娘だった母との間に五男として生まれている。長じてからは毎日粘土をこねていたが、彼が関心を抱いたのは当時、ようやく手に入った馬の解剖書だったという。馬の産地に生まれても、生きて野山を走る馬を参考にするのではなく、解剖書のなかにある生物学的、医学的な馬像だったという点が彼の特色だった（栗林元二郎編発行『馬』）。

伊藤の馬は見事な潔癖感に溢れ、さらに言えば冷徹でさえある。たとえばそれは、皇居前広場に建つ乗馬姿の楠木正成像と比較してみると、その差異が際立《きわだ》って見えてくる。伊藤の馬像では、大楠公《だいなんこう》像のような野性的な生命力はむしろ抑《おさ》えられている。四本の脚を地に揃えたその抑制の奥に、非命に斃れた戦没軍馬への哀惜《あいせき》があるようにも見受けられる。

皇居前の楠木正成像

対して楠木正成の馬像は、勇猛果敢の極《きわ》みである。伊藤の馬とは対照的に、手綱《たづな》を強く絞られ、左前脚を高く宙に上げた勇み駒姿で、尻尾は太く逞《たくま》しく流動的に靡《なび》いている。

製作には高村光雲を中心として後藤貞行、山田鬼斎ら著名彫刻家が共同でかかわったもので、明治三十三（一九〇〇）年に奉納された。

以上を述べれば、靖國神社の軍馬慰霊像と、皇居前に聳《そび》える大楠公の馬像とが対極的な様相を呈しているのも頷けよう。

切られた尻尾が静謐《せいひつ》な悲壮感を漂わせて見えるのは、光雲らの大楠公像をどこかで意識していたためではないだろうか。

Ⅱ．明治以来の馬匹改良

軍馬に要求される資質

軍馬の使命は、「乗馬」「輓馬《ばんば》」「駄馬」の三種に区分される。軍馬に要求される資質はおおむね次のようなものである。

「体の各部の対称がよく、体質強健であること。筋や腱がよく発育していて関節が堅牢であること。肢勢が正しく蹄の質が堅靭《けんじん》であること。温順、怜悧《れいり》で何に突然出会っても動ぜず、驚かぬこと。天候の激変と粗食に耐え、持久力に富むこと」（武市銀治郎『富国強馬』）

これは要すれば、優秀な将兵の資質と同じレベルを要求したもので、加えて、先の大戦までは米軍以外にはどこも実用化されていなかった小型四輪駆動車（ジープや水陸両用車など）の代用を馬が仰《おお》せつかっていたと言える。

将校や騎兵が乗る乗馬には、容相軽快、長軀短背《く》であって前軀が軽く、後軀に力があって歩幅が広く、歩様《ほよう》が軽快であり、いっそう悍威《かんい》に富むことが求められた。

悍威とは専門用語で、馬の気質や動作の活発性を言う。性質温良にして動作が活発な馬を「悍富《かんぷ》」といい、この要素に乏しい馬は「悍乏シ《かんこぼ》」と呼ばれる。

たとえば、大砲などを引っ張る輓馬の条件は厚頸、長軀でやや低身が望ましく、強腱充実し、胸や尻の幅が広く、後軀に力があることが条件だった。

食糧、弾薬など多くの物資をその背に乗せて行軍する駄馬は、鬐甲《きこう》が著《いちじる》しく突起することなく、体幅が広く、低身で力があることと、かなりの悍威が求められていた。鬐甲とは、馬の背と頸部の間にあるいわば肩甲骨のような部位を指すが、ここがなるべく平らに近いほうが物資を載せやすいことは分かる。

ところが長い間、わが国の馬はそのような条件とはほど遠い馬ばかりで、極端な話、江戸時代とさして変わりなかった。テレビ・ドラマなどで、戦国武将や江戸時代の武士が近代風な馬で騎馬戦を演じ、早馬で駆けつけるなどのシーンを見ることがあるが、あのような背の高い大型馬がいたとはとうてい思えない。

ただし、八代将軍・徳川吉宗《よしむね》は馬匹《ばひつ》改良の意欲が強く、オランダ人を介《かい》して洋馬二十九頭を輸入したという記録が残されている。ところが、体高が百五十センチもあったため、実際の騎乗には無理があったようだ。種牡馬《しゅぼば》としてのみ使われた可能性が高く、品種改良の功績はあったものの、富士山を背景にした白馬の騎乗姿は、やはりドラマ上だけのことと考えたほうがよさそうだ。

外国に嗤《わら》われ、富国強馬へ

日露戦争は結果的には勝利を収めたが、日本にとってけっして楽な戦いではなかった。特に陸上での戦闘となると、苦戦の連続だった。その最大の原因は馬にあった。航空機も戦車もない当時の戦闘では、索敵斥候《さくてきせっこう》も輸送、通信もすべて馬の力と速力に頼らなければならない。軍馬の良し悪しが、そのまま戦力差となって表われる。

日本の馬は古来、力が強くて粗食にも耐えるので、輸送用だけなら十分に戦力となったはずだが、なにぶんにも体形が小さく、足が遅かった。世界最強とも言われたコサック騎兵が疾駆するロシア軍から見たら、「日本軍は、角のない牛を使っているのかと思った」というジョークのような話まである。

馬は嗤いものになったが、騎兵そのものは負けていない。日本騎兵の父とされる秋《あき》山好古《やまよしふる》（最終階級・陸軍大将、日露戦争当時は少将）の頭脳作戦で、兵は馬から降り、まだ性能が未知数だった機関銃でコサック騎兵をなぎ倒した逸話が残る。

余談ながら、その秋山の生誕地、愛媛県松山市には「軍馬・軍犬・軍鳩・家畜慰霊塔」というのがあるという。同市在住の元騎兵第四旅団（世界最後の騎兵旅団とされる）第二十五連隊出身の藤原茂氏からいただいたお手紙によれば、「家畜まで碑文に刻まれているのは、兵器、軍装用の皮革や防寒毛皮の犠牲となった牛馬・兎などを含めているためであり、他に例がないと思う」とのことだ。

秋山好古（アフロ／提供）

慰霊塔が建立されたのは、戦争末期の昭和十九年。ところがその後、風雪と時代の変遷を経てかなり毀損・荒廃したため、藤原氏ほか有志の手で平成二十三年五月に修復され、改めて顕彰されている。

嗤いものになった話に戻れば、皇居前広場に建っている楠木正成の銅像を見直すと、たしかに楠公の足がもう少しで地面に着きそうなほど馬体が小さい。日本人の体形も小さかったから、中世から江戸時代まではそれでも間《ま》に合っていたのだが、明治になると俄然、軍馬の優劣が戦闘の趨勢《すうせい》を左右するようになった。

記録が残る明治初年から日露戦争までの馬の背丈は四尺五寸（百三十六・四センチ）から四尺八寸（百四十五・四センチ）までが大部分で、外国馬のように五尺（百五十一・五センチ）を超える馬など誰も見たこともない時代だった。

しかも調教が行き届いていないため、小銃の音に驚いて跳ね上がり、気に入らないと蹴ったり嚙んだりするばかりで手に負えない。

日清戦争時代は言わずもがな、最も恥をかいたのは明治三十三（一九〇〇）年に起こった義和団事件への出兵時だった。

日本もイギリス、アメリカ、ドイツなど八カ国の連合軍に参加して天津《テンシン》などへ出兵。会津藩出身の陸軍中佐・柴五郎《しばごろう》（最終階級・陸軍大将）が指揮する日本兵の武勇ぶりは称賛を浴びた。兵の奮闘は列強中最高レベルと評されたものの、馬の評価は酷《ひど》いものだった。

「日本軍は馬のような恰好をした猛獣を使用している」

そう言ってここでも嗤われたのだが、これが日本軍馬への正当な評価でもあった。

柴五郎自身も砲兵出身である。山砲などを輓く輓馬隊の彼我の差を、身に染みて感じたに相違ない。

列国との輓馬の体格や能力の差は歴然としており、以後、帝国陸軍は野戦における輜重《しちょう》兵教育や輓馬の重要性を痛感するに至ったのである。

馬匹改良運動

こと馬に関しては、日本は後進国だった。武士の乗馬訓練は重要視されてきたものの、馬匹改良は進まなかった。田畑で犂《すき》を曳《ひ》き、農具を運んでいた時代と大差ないまま、その馬で近代戦に突入してしまったのだ。

そもそも、輜重という観念が初期陸軍には欠落していた。

輜重兵というのは戦闘兵科（歩兵、騎兵、砲兵、工兵）ではなく、それを支援する兵科で、軍需品の運搬に任じる兵である。主な軍需品には糧秣《りょうまつ》（兵の食糧と馬の秣《まぐさ》）、弾薬、被服などがあり、これに衛生隊、野戦病院などを含めて輜重と称した。

さらに戦時ともなれば、各師団の予備馬を管理する馬廠《ばしょう》や傷病馬の保育を担う病馬廠が編制に加わる。

こうした兵科の整備が整うにしたがって、馬匹改良が必須課題となったのは日露戦争開始後のことである。

明治三十七（一九〇四）年二月十日に日露戦争が勃発すると、戦地から軍馬の貧弱さが露呈するような報告が次々に届いた。

同年四月七日、宮中午餐会の席上で明治天皇は、「馬匹改良のために一局を設けて速やかにその実効を挙げるべし」との勅諚《ちょくじょう》を下す。

この日を発端として、当時の桂《かつら》太郎《たろう》総理大臣の直轄下に「臨時馬政調査委員会」が設置され、大規模な馬政振興策が逐次《ちくじ》講じられるようになった。

日露戦争後の明治三十九年から大正末期にかけて、国を挙げての馬匹改良計画が実行された。主な施策を簡明に挙げておけば、おおむね次のようなものだ。

▽国有種馬の充実および補充のため、内外国においてサラブレッド、アラブ系などの優良馬を毎年購入する（特にオーストラリアから輸入された）。

▽全国を六馬政管区に区分して馬政官を配備、産馬事業の育成、指導監督に当たらせ、馬匹改良の進捗を監督させる。

▽馬種所十五カ所を完備し、国有種牡馬《しゆぼば》一千五百頭を充実させ、これを民有牝馬《ひんば》に交配して改良繁殖を実施する。

▽馬匹共進会、競馬会を奨励し、優等牝牡奨励金を下付し、産馬功労者に功労賞を授与する。

▽馬匹の去勢に関しては先に馬匹去勢法が制定されているが、去勢を督励《とくれい》、去勢技術員の育成を成す。

ざっとこのような計画が国家的規模で実施されたのだが、なかでも注目すべき点は優良種牡馬確保のためにアラブ、サラブレッド、トロッター、アングロノルマンなど外国産馬多数が輸入されたことが挙げられる。外国産の牡馬と日本の牝馬を交配させ、馬格のいい軍馬を産ませようというわけだ。

また、馬政官配備のためには明治三十九年五月に「馬政局管制」が布《し》かれ、当初は内閣総理大臣の管理下に「馬政局」が設置されたが、やがて陸軍省に置かれ、さらに大正十二年四月からは農林省（大正十四年までは農商務省）に移行される。

この間、全国各地に繁殖のための種馬牧場が新設され、良質の種牡馬が送り込まれて増殖が図られた。北は十勝《とかち》種馬牧場、日高《ひだか》種馬牧場、奥羽《おうう》種馬牧場（青森県七戸村）、秋田種馬所、栃木種馬所から全国各地に設置され、「馬政局指導の下で種付競争が行われた」と『日本馬政史』（第四巻）は記している。

陸軍省から馬政局がなくなったとはいっても馬政課という課だけは残り、陸軍と軍馬の関係が消えることはなかった。のちに硫黄島《いおうとう》守備隊長（第109師団長・小笠原方面陸海軍最高指揮官）として名を残す栗林忠道《くりばやしただみち》（最終階級・陸軍大将）は、昭和十二（一九三七）年八月から十四（一九三九）年三月まで、陸軍省兵務局馬政課長（騎兵大佐）として勤務、国民の愛馬精神振興に腕を振るっていた。

去勢技術に目覚める

実は、馬政計画喫緊《きつきん》の課題は去勢問題だった。日清、日露戦争では、わが軍馬が嗤いものになった。元来、わが国には去勢という観念は根づいておらず、義和団事件で諸外国から初めて学んだのである。

去勢しないまま戦地に送られた牡馬は気性が荒く、貨車や船舶に移すにも騒擾《そうじょう》を極め、兵に噛みつき、蹴るなど手に負えなかった。そのため怪我人は出る、時間は遅れる、馬同士がおとなしく厩舎に入っているのさえ稀《まれ》という惨状を呈した、と義和団事件時の報告書が残されている（東京帝国大学農科教授・今井吉平『日本馬政論』）。

爾来《じらい》、去勢の研究が進み、大正六（一九一七）年になって初めて明け三歳（当時の馬齢は数え年）の牡馬に去勢が実施されるようになった。

ちなみに馬の年、馬齢はつい平成十二（二〇〇〇）年まで、日本だけは「数え年」で計算されていた。かつてはダービー出走馬を「明け四歳」などと言っていたが、実際には満三歳馬のことだ。

現在では、諸外国に合わせて生まれたばかりのゼロ歳馬はその年は「当歳《とうさい》」と言い、翌年の一月一日の時点で一斉に一歳加算して一歳馬とする方式に変わった。

馬は春三月から五月くらいの間に繁殖期を迎え、十一カ月強から十二カ月弱で出産するため、ほとんどの馬が二月から四月頃に出産することとなる。翌

軍馬購入所に向かう生産者（『戦没軍馬鎮魂録』より）

年の正月から同じ年にしても、さほどの差が生じないのだ。

牧場では優秀馬を数多く生産する必要から、種牝馬は毎年必ず妊娠させる。妊娠期間が約一年近くあるため、牝馬は絶えず胎仔《たいし》を抱えていなければならない。

春に出産するとただちに種付けされ、分娩から次の受胎までの期間が約一週間というのがもっとも馬産上よろしいとされている。そのために、牝馬には十分な栄養を与え、母体保護が同時に肝要とされる。

馬は生まれてしまえば、四歳くらいまでの発育は人間の比ではなく早い。一年を人間の約四年として計算するので、すなわち四歳馬は人間なら十六歳、四年のスパンを考慮すると十九歳くらいまでに相当する。五歳馬は二十歳から二十三歳くらいまでの計算となる。競馬で走る馬はおおむね四歳馬までが多いようだが、五歳馬以上は総じて古馬《こば》の部類に入る。馬の寿命は長くても二十四、五歳まで、人間なら百歳に相当するわけだ。

明治天皇と競馬

去勢の話に戻ると、明治時代まで日本には、家族同然の愛情を込めて育てた馬にメスを入れるなどという発想は皆無だった。初めは、上から指導しても拒絶反応が強かったという。

だが、実際に農家などの生産者が去勢を施《ほどこ》してみた結果、従順で使役上の苦痛から解放され、また仮に食肉用に供した場合でも肉が柔らかくなって売値も高くなることが分かり、去勢は急速に普及するようになった。

明治天皇は、競走馬の育成が軍馬育成にも欠かせないと強い関心を示していた。「馬匹改善計画」にある「競馬会を奨励」する案は、現代にまで長くその伝統が繋《つな》がっている。

洋式競馬がわが国に取り入れられたのは文久元年（一八六一）と言われているが、諸外国と比べればはなはだ見劣りのするものだった。そこで、明治天皇の強い希望から、横浜競馬場（根岸《ねぎし》競馬場）で行なわれるレースに盃が贈られることとなり、「エンペラーズ・カップ」（帝室御賞盃）が創設された。

このレースこそが、その後の競馬発展と馬匹改良に大きく寄与した根源とも評されている。最初の帝室御賞盃レースは明治三十八（一九〇五）年に始まり、これが昭和十二（一九三七）年、春・秋に行なわれる中央競馬会の「天皇賞」レースへと受け継がれ、発展することになったのだ。

筆者などは競馬に無頓着だったため、ダービーや天皇賞のことは知っていても、競馬そのものが明治天皇の強い発意によって振興され、馬匹改良と富国強馬の志に根差していたものだとは、迂闊《うかつ》ながら知る由《よし》もなかった。

昭和十三年になると、帝国馬匹協会と陸軍省、農林省が参画し、明治天皇が馬匹改良の勅諚を発せられた四月七日を記念して「愛馬の日」とし、各種行事を行なうようになる（政府による制定は翌十四年）。

この日には、全国の小学校で騎兵将校らが軍馬の講話を行ない、軍馬多数が参加する行進や障害競走などのイベントが賑々しく行なわれるようになった。今日、靖國神社で催される「慰霊祭」も、かつての「愛馬の日」にちなんだものである。

靖國神社に祀《まつ》られた戦没馬慰霊像の建立に尽力した一人に、元陸軍大将・今村均《いまむらひとし》がいる。今村はラバウルで終戦を迎えたあと、将兵とともに原始林を耕し、草原を焼いて芋類や陸稲まで収穫しながら食い繋いだことで知られた知将だ。

熱弁振るう今村均元大将

昭和二十九年十一月、今村は巣鴨から釈放されて世田谷区・豪徳寺《ごうとくじ》の自宅へ戻ると、庭の片隅に三畳間ほどの掘っ建て小屋を建てさせ、自らを幽閉するかのようにして生涯こもった。兵を死なせたことへの悔恨を込めて、「謹慎小屋」と呼んでいたという。

昭和三十二年夏、今村はこの小屋から一通の手紙を「偕行社」宛に書き送っている。そこには「戦没馬慰霊像奉献協賛会」への寄付金を募る懇切な長文が認《したた》められていた。その今村書簡の冒頭部分はこう始まる。

「幾十万戦没の馬霊を慰めるお心から、彫刻家伊藤國男氏が等身の馬の銅像を作られ、これを靖國神社に納められたが、これが建立には、大きな幾段かの台石や周囲の区くぐりなどに相当の費用を必要とすることを伝え聞いた有志の人々が、明年四月除幕の目途《もくと》で、広く同胞各位に一口弐百円以上の御寄附をお願いしようと企画され、私にも発起人中に加われと申してこられた。

四月十日、第一回の会合が、靖國神社社務所内で催されたとき、発起人の一人が、

『（前略）ともかく、戦陣に生きて終戦を迎えた軍人は、ごくごく一部を除き祖国に帰還したのでありますが、敵弾に傷つき、または病に斃《たお》れた軍馬の遺骨は、ほとんど生まれ故郷の地には持ちかえられず、とくに終戦時生きていた幾十万の軍馬は、そのまま敵におさめられ、一馬も帰還し得ず、自然今やその大部分は、異郷に生を終えておることでしょう――』

と申され、私も心から憐憫《れんびん》の情を、これら軍馬の上に注ぎ、発起人に名をつらねることを諾《だく》し、決議に賛したものである」（『偕行』昭和三十二年七月号）

今村均・元陸軍大将
（共同通信フォトサービス／提供）

今村は、請《こ》われれば自衛隊へ出かけて何回か講演をしている。訥々《とつとつ》とした静かな口調で終わるのが常だったが、一度だけ熱弁を振るったことがあった。幹部を前に、身振り手振りを交えて大熱演をしたときの話題を紹介して、締めくくりとしたい。

「徴発された農耕馬が中国の戦場で、偶然、応召して行軍縦隊内にいた旧飼主にめぐりあった。馬は旧主人に鼻面《はなづら》をこすりつけて喜んだが、いつまでも一緒にいることは許されない。やがて馬は手綱を引かれたが、どうしてもその場を動かず、周囲を泣かせた――」（角田房子『責任　ラバウルの将軍今村均』）

今村が壇上で両の拳《こぶし》を前へ突き出し、必死で抵抗する馬の姿を熱演して見せている写真がいまも保存されているという。

第二章　国民の歌・国民映画と軍馬

中国大陸で軍馬の行進は続く（『戦没軍馬鎮魂録』より）

Ⅰ．歌と映画にみる軍馬

支那事変と軍馬の需要拡大

昭和十二（一九三七）年頃になると馬匹の質的改良が求められるだけではなく、軍による馬の徴発需要が一気に拡大する。

平時の軍馬購買だけでは馬が足りないのだ。徴発によって、地域ごとに頭数を揃える義務が課せられるようになった。それは名誉なことだった。しかも生産農家のよい収入源ともなったのである。

昭和十二年七月七日夜、北京郊外にある盧溝橋《ろこうきょう》に一発（二度発射されたとの史料あり）の銃声が響いた。これがいわゆる支那事変の発端（より正確には八月の第二次上海事変が起点）だが、今日では中国共産党の北方局書記だった劉少奇《りゅうしょうき》（のちに第二代国家主席）の指導で、秘密党員らによる陰謀工作だった可能性が高いという研究が進んでいる。

昭和十四（一九三九）年五月には、日ソ両軍が満蒙国境線で衝突するノモンハン事件が発生する。九月にはドイツ軍がポーランドに侵攻し、第二次世界大戦の勃発となる。時局がにわかに切迫してきたことが、一般国民の目にも明らかになってくる時代であった。

満洲や支那へ向かう出征兵士を送る日の丸の小旗が打ち振られ、歓呼の声が駅頭に響くなか、馬もまた腹に日章旗を巻き、村々から貨車に載せられて戦場へ向かった。

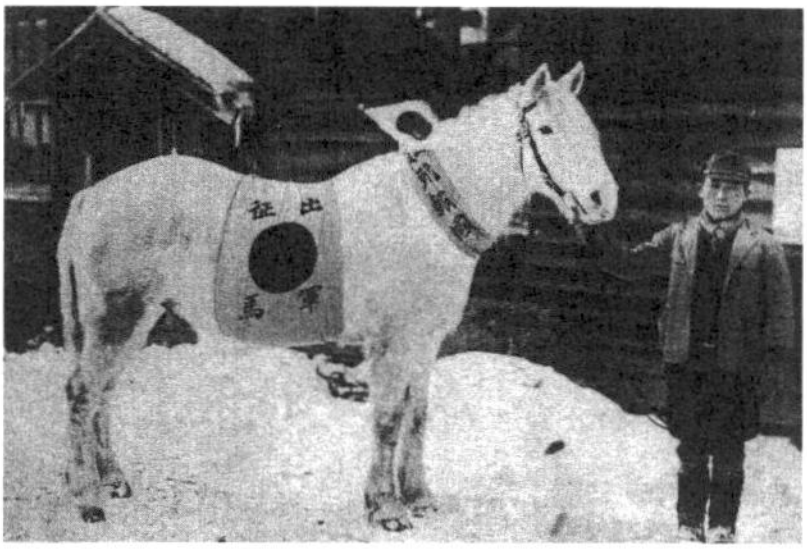

日の丸を腹に巻いて出征する北海道・十勝の馬
（十勝・本別町歴史資料館所蔵）

そんな昭和十四年、国民の間でもっとも関心を呼んだ代表的な娯楽に、ラジオ番組「国民歌謡」があった。

いまでは知る人も少ないと思われる「国民歌謡」は、昭和十一（一九三六）年に日本放送協会大阪中央放送局（ＪＯＢＫ）で始まったラジオの歌謡曲番組で、まもなく同東京中央放送局（ＪＯＡＫ）でも制作されるようになる。

放送期間は昭和十一年四月から昭和十六年二月までの五年足らずで、その後は「われらのうた」に代わったのだが、国民的に永く記憶されたのは「国民歌謡」だ。

大東亜戦争直前、メディアと音楽関係者と国民とが一体となって幾多のヒット曲を生み、また国民の記憶に強く刻み込まれた番組ともなったのが、つまり「国民歌謡」である。

さらに、戦後になると当然のようにGHQの干渉を受けるようになったが、番組は「ラジオ歌謡」と名を変えても、新曲を一週間連続して流すスタイルは変わらなかった。

「国民歌謡」からヒットした名歌ともいうべき楽曲を、以下にざっと拾ってみよう。

昭和十一年『防人《さきもり》のうた』『希望の船』『祖国の愛』『若き妻』『日本よい国』『朝』『椰子の実』『希望の乙女』。

昭和十二年『国旗掲揚の歌』『靖國神社の歌』『母恋し』『航空決死兵』『愛の千人針』『愛国の花』『海行かば』。

昭和十三年『軍国子守唄』『徐州《じょしゅう》陥落』『遂げよ聖戦』『傷痍《しょうい》の勇士』。

昭和十四年『愛馬進軍歌』『輝く海軍記念日』『戦車兵の歌』『出征兵士を送る歌』

『空の勇士』『紀元二千六百年』。
昭和十五年『船出の歌』『暁に祈る』『隣組』『興亜行進曲』。
昭和十六年『めんこい仔馬』（レコード発売当初は「子馬」と表記）

ほんの一部を紹介しただけだが、歌を聴けば遠い記憶を辿《たど》られる読者もおられよう。馬から少し離れるが、名歌の跡を訪ねてみたい。

『椰子の実』は島崎藤村《しまざきとうそん》の詩に大中寅二《おおなかとらじ》が作曲、東海林太郎《しょうじたろう》の歌唱でヒットした。

「名も知らぬ遠き島より　流れ寄る椰子の実一つ」は、今日まで広く愛唱されている。

『愛国の花』は渡辺はま子の歌唱。銃後を守る日本女性の心情を桜、梅、椿などに託した歌で、福田正夫作詞、古関裕而《こせきゆうじ》作曲で大ヒットした。昭和十七年、木暮実千代、佐野周二主演で映画化もされている。

「御国《みくに》につくす女等《おみなら》は　輝く御代《みよ》の山桜」

という一節は、いまでも聴く者の心を強く揺さぶらずにはおかない。

『海行かば』は改めて説明するまでもないが、詞は万葉集巻十八にある大伴家持《おおとものやかもち》の長歌から採られ、信時潔《のぶときききよし》（東京音楽学校教授、帝国芸術院会員）が作曲したものだ。

「大君の辺《へ》にこそ死なめ　顧《かえり》みはせじ」と、日本武人の死生観を率直に表現した高貴で崇高な鎮魂歌とされる。信時潔は、支那事変での皇軍兵士の忠誠を聞き知って、感激のあまり放送用に作曲したという。その後、大東亜戦争中は儀式用、とりわけ戦死や玉砕を伝えるニュースの前奏曲として使われることが多かった。

『海行かば』が最初に玉砕を伝える前奏曲として流されたのは、昭和十七（一九四二）年三月六日である。このとき、真珠湾攻撃に参加した特殊潜航艇の乗員九名（九軍神と呼ばれた）の戦死を伝えるニュース番組の冒頭に流された。

本来、壮絶な戦死への鎮魂と慰霊の歌だったが、戦後は一転、信時とともに批判に晒《さら》されてきた。「水漬《みづ》く屍《かばね》——草むす屍」と歌う『海行かば』こそ、兵のみならず、斃《たお》れた軍馬たちをおくる歌にふさわしいと思わずにはいられない。

昭和十四年一月になると、いよいよ『愛馬進軍歌』の登場となる。制作は日本放送協会が独自に進めたわけではなく、陸軍省が愛馬精神向上のために、詞、曲ともに公募選定した作品だった。

騎兵大佐・栗林忠道の熱意

ノモンハン事件や支那事変の拡大が進むさなか、多数の軍馬が入り用になった。『愛馬進軍歌』は官僚用語風に言えば、「馬事思想の涵養《かんよう》を図る喫緊《きっきん》の課題」として作られたプランだったのかもしれない。その結果、明治天皇が発した勅諚《ちょくじょう》が、いよいよ国民規模で実を結ぶことになった一曲というわけだ。

陸軍省馬政課長の席には、騎兵大佐・栗林忠道《くりばやしただみち》が座っていた。栗林の熱意によって企画は全国公募となり、いまに残る名曲が誕生することになった。審査員には、山田耕筰、信時潔、中山晋平、堀内敬三、古関裕而と錚々《そうそう》たる顔ぶれが並ぶ。

その選考にかかわった一人、堀内敬三（音楽評論家・作曲家）は、選考時の模様を次のように述べている。

「『愛馬進軍歌』は陸軍省が全国に向かって公募し、当選歌詞は四国琴平《ことひら》の久保井信夫（引用者注・四国水力電気会社社員）の作、当選作曲は小倉中学校の音楽担当講師（引用者注・新城《あらしろ》正一）の作で、私も審査員の一人であったが、詞と曲とがぴったり合って傑作であった。レコードは各社競作となり、十四年一月、六社（ビクター、コロムビア、ポリドール、テイチク、キング、タイヘイ）から一斉に発売され、この歌は忽《たちま》ち全国各地で歌われるようになった。私はその年の秋、北支戦線に従軍し、到るところで兵隊さん達がこの歌を歌っているのを嬉しく思った。戦線で聞くこの歌は、旋律にも『血が通う』の感じがあった」（『定本日本の軍歌』）

競作したレコード各社が揃えた歌手も、たとえばコロムビアなら霧島昇と松原操、ビクターは藤原義江《ふじわらよしえ》、小唄勝太郎《こうたかつたろう》、市丸《いちまる》、キングでは長門美保、テイチクは藤山一郎、ポリドールは東海林太郎といった当代の人気歌手が勢揃いする豪華版であった。

靖國神社では「軍馬・軍犬・軍鳩合同慰霊祭」の会場でこの曲が流されたことを前述した。出席者は起立し、唱和したのだが、いつの間にかその両手は握り拳になっていた。『愛馬進軍歌』には単に馬への愛惜《あいせき》の情に留まることなく、国家と国民と馬とが一体となった昂揚感が漲《みなぎ》っている。明日の命も知れぬ前線の兵士には、口を利《き》かない馬が何よりの慰めだったのだろう。

六番までである『愛馬進軍歌』から一番、三番、六番を引いておこう。

一　国を出てから幾月ぞ　共に死ぬ気でこの馬と　攻めて進んだ山や河　執《と》った手綱に血が通う
三　弾丸《たま》の雨降る濁流を　お前頼りに乗り切って　任務《つとめ》果したあの時は　泣いて秣《まぐさ》を食わしたぞ
六　お前の背《せな》に日の丸を　立てて入城この凱歌　兵に劣らぬ天晴《あっぱ》れの　勲《いさお》は永く忘れぬぞ

（「国民歌謡」第四十集、昭和十四年一月）

昭和十四年十一月になると、のちに軍歌としてよく歌われるようになった『出征兵士を送る歌』が「国民歌謡」として採録されている。

当初は大日本雄弁会講談社（現・講談社）が同年七月に公募したもので、詞、曲ともに応募作品だった。公募は出版社だが選定は陸軍省で、当選発表後は「国民歌謡」となったのち、レコード化された。

作詞・生田大三郎《いくただいざぶろう》、作曲・林伊佐緒で、キングから永田絃次郎《ながたげんじろう》、長門美保の吹き込みで発売されている。

「わが大君《おおきみ》に召されたる　生命《いのち》光栄《はえ》ある朝ぼらけ」という歌い出しに、多くの国民がラジオの前でしびれるほどの昂揚感を覚えたものだとされる。林伊佐緒は歌手だけでなく作曲家としても名を成し、『ダンスパーティーの夜』『高原の宿』『リンゴ村から』『長崎の女《ひと》』などの作曲も手がけた。

金田一春彦・安西愛子共編『日本の唱歌』（下）は、こうした林伊佐緒を称して「シンガーソングライターのはしりのような存在である」としている。

軍馬をたたえる歌

昭和十五（一九四〇）年四月には、松竹映画『暁に祈る』の主題歌が「国民歌謡」として放送された。作詞・野村俊夫、作曲・古関裕而という二人に頼んだ時点から、ヒット狙いだったことがうかがえる。

野村は福島県出身で馬にも関心があったうえ、すでに『音信《たより》はないか』『忠治子守唄』などを当てていた。後年のヒット曲に、『あゝ紅《くれない》の血は燃ゆる』『湯の町エレジー』『東京だヨおっ母さん』などがある。

古関裕而は言うまでもなく、この時期にはすでに斯界《しかい》の気鋭として名を馳せていた。野村と同じ福島県出身ということも、このコンビの強みだったかもしれない。古関は山田耕筰の推挽《すいばん》を受けてコロムビア専属となり、ここまでに『紺碧《こんぺき》の空―早稲田大学応援歌』『船頭可愛や』『大阪タイガースの歌（六甲颪《おろし》）』『露営の歌』などを大ヒットさせている。

古関による戦時歌謡は数多く、哀調を帯びつつも勇猛果敢な精神を鼓舞する行進曲などを得意とし、古関メロディーとも言うべき作品群を確立した。戦後は『夢淡き東京』『とんがり帽子』『君の名は』『栄冠は君に輝く』『イヨマンテの夜』『モスラの歌』など多彩な作曲活動を続け、平成元（一九八九）年に亡くなった。

先の金田一・安西編『日本の唱歌』には、『暁に祈る』が初めから陸軍省主導によって企画され、一般募集となったと記されている。昭和十五年五月、コロムビアレコードから伊藤久男が吹き込んだ。陸軍省馬政課の注文によって、元来は戦地へ出て行く物言わぬ勇士、軍馬をたたえる歌だったという。

馬政課の担当者の注文がうるさく、ああでもないこうでもないと文句をつけられ、野村はしまいに「アーア」と溜め息をついた。脇にいた古関裕而が見兼ねて、「そう、それを頭に使いなさいよ」と言った。そのおかげでやっと歌にまとまった、という裏話がある。その「アーア」は六番まである歌詞のすべての冒頭に付された。馬と兵士が戦場でいたわりあう姿が描かれているこの歌に滲《にじ》むのは、戦意昂揚というより哀感であろうか。

一　ああの顔で　あの声で　手柄たのむと妻や子が　ちぎれる程に振った旗　遠い雲間にまた浮かぶ
三　ああ軍服も　髭面も　泥に塗《まみ》れて何百里　苦労を馬と分け合って遂げた戦闘《いくさ》も幾度《いくたび》か
五　ああ傷ついた　この馬と　飲まず食わずの日も三日　捧げた生命《いのち》これまでと月の光で走り書き

（「国民歌謡」第六十三集、昭和十五年五月）

この歌が前線の兵士だけでなく、広く国民に愛唱されたのは、単なる「軍歌」に留まることなく、老若男女すべてがともに歌えたという点にあった。

この歌は、馬という身近な生き物を主題にしながら、「国民の歌」として見事に定着した。つまり、「軍歌のダイナミズム」を国民が支え合う時代だったと言い添えてもいい。

映画『暁に祈る』の挿入歌としては、伊藤久男が歌う勇壮な『暁に祈る』より、『愛馬進軍歌』がもっぱら広く歌われていた。

奇跡の名馬

『暁に祈る』がヒットするのは、この映画封切り後となる。撮影、編集中にヒットしていた歌が、前年に「国民歌謡」だった『愛馬進軍歌』であったためであろう。

昭和十五年十二月には、もうひとつ重要な馬の歌が生まれている。コロムビアから発売された童謡『めんこい子馬』（のちに「仔馬」）である。作詞はサトウハチロー、作曲は仁木他喜雄《にきたきお》で、歌唱は二葉あき子と高橋祐子《たかはしさちこ》による共唱。

支那事変の最前線で幾多の武勲を挙げ、満身創痍ながら特別の計らいで帰国した名馬「勝山号《かつやま》」という軍馬がいた。

出征軍馬百万頭のうち帰還したわずか一頭の馬とされるが、その「勝山号」帰還が昭和十五年二月のことで、新聞などでも大きく取り上げられた。奇跡の名馬と大歓迎された、その「勝山号」の幼駒《ようく》時代に着想を得て、『めんこい仔馬』が書かれたとの説もある。

作家の佐藤紅緑《さとうこうろく》を父に持つサトウハチローは、若くして西條八十《さいじょうやそ》に弟子入り、童謡で知られていたが、詩や映画の主題歌、ユーモア小説などでも名声を得ている。ほかの童謡作品に、『小さい秋みつけた』『うれしいひなまつり』『お山の杉の子』、また歌謡曲には『うちの女房にゃ髭がある』『リンゴの唄』『長崎の鐘』など多くの名作がある。

『めんこい仔馬』が発売されてまもない昭和十六年一月、追いかけるようにしてこの歌は「国民歌謡」の仲間入りをした。ラジオでの歌唱はミス・コロムビアとして人気絶頂だった松原操。松原は昭和十三年に松竹映画『愛染《あいぜん》かつら』(上原謙・田中絹代主演)の主題歌『旅の夜風』を霧島昇とデュエットして大ヒット、霧島昇と結婚したばかりという時期である。

『めんこい仔馬』は童謡でありながら軍歌としても戦地で多くの兵に歌われ、「国民の歌」として貴重な役割を果たした。

一　濡れた仔馬のたてがみを　撫でりゃ両手に朝の露　呼べば答えてめんこいぞ

オーラ　駈けて行こかよ丘の上　ハイド　ハイドウ　丘の道
三　紅い着物より大好きな　仔馬にお話してやろか　遠い戦地でお仲間が　オーラ
手柄を立てたお話を　ハイド　ハイドウ　お話を
五　明日は市場かお別れか　泣いちゃいけない泣かないぞ　軍馬になって征《ゆ》く日に
は　オーラ　みんなでバンザイしてやるぞ　ハイド　ハイドウ　してやるぞ

いまでも年配の読者には耳に残る童謡の一つだろう。昭和十五年暮れにレコードが発売され、年明け十六年一月、「国民歌謡」となるや全国的に世代を超えて歌われるようになった。

ちょうどその頃、『めんこい仔馬』を聴きながら、馬を主題にしたセミ・ドキュメンタリー映画の企画・製作に没頭していた男がいた。馬と少女（高峰秀子《たかみねひでこ》）の交流を軸に、戦時下で生きる生活者の生き甲斐をテーマとして映画化を試みたのは、山本嘉《やまもとか》次郎《じろう》監督である。

山本嘉次郎と黒澤明

この一見、偶然とも思われる歌と映画の遭遇は、いまにして思えば、馬と国民の情感がもっとも合致していた時代を実に見事に反映したものと言っていいだろう。

昭和十三年秋、山本嘉次郎はその名もずばり、『馬』というタイトルで東宝映画に企画書を提出した。主役に高峰秀子、脇に藤原鶏太《ふじわらけいた》、沢村貞子《さわむらさだこ》、竹久千恵子《たけひさちえこ》などの芸達者が並ぶ。

製作面で山本監督を支え、事実上、ほとんどの撮影の責任者として働いたのはチーフ助監督（シナリオには「製作主任」）の黒澤明だった。その意味では、黒澤の監督第一回作品と評する見方もある。

また、高峰の父親役を演じた藤原鶏太は戦後、芸名を藤原釜足《かまたり》と変え、数々の名脇役を演じて名を残す。

特に『生きる』に始まって『七人の侍』『隠し砦の三悪人』『用心棒』『椿三十郎』『天国と地獄』『赤ひげ』最後の『影武者』に至るまで、のちの黒澤作品には欠かせない脇役として存在感を示した。余談ながら、昭和十一年から十年間、つまり戦時中を通じて、藤原釜足は沢村貞子（兄に四代目澤村国太郎、弟に加東大介、甥に長門裕之、津川雅彦がいる）と結婚生活を送り、戦後になって離婚している。

竹久千恵子は昭和期前半の名女優。『兄いもうと』『安城家の舞踏会』などに出演し、米国人の日系ジャーナリストと結婚、戦後はハワイなどで晩年を過ごした。

『馬』はシナリオの第一稿から撮影終了までに約三年近くの歳月を要し、劇場公開は昭和十六年三月である。

山本嘉次郎は、日本映画界のなかでも極めて特異な存在といっていいかもしれない。この『馬』を撮るまでの主な作品は、『エノケンの青春酔虎伝』『エノケンの近藤勇』『エノケンのちゃっきり金太』など、エノケンこと喜劇役者・榎本健一の持ち味を活《い》かしたギャグ満載の娯楽作品がほとんどだった。

多彩な能力を発揮していたと言われる山本ではあるが、なぜシリアスな『馬』に惹《ひ》かれたのか、その理由を本人はシナリオの冒頭で次のように述べている（抄出）。

「上州の四万《しま》温泉に滞在してゐたとき、その宿屋の帳場で、盛岡放送局から馬市の実況放送が放送された。それを聞いて、自分は感激おく能《あた》はざるものがあつた。忘れもしない、昭和十三年九月廿日、正午からのラヂオであつた。私は動物を愛することと人後に落ちぬ点で些《いささ》か自信を有してゐる。自分はさうした動物への愛情と知識の全般を捧げて一篇の映画を作るべきであると自覚した。

かゝる着想の下に、昭和十三年を脚本構成に費やして、翌年の八月に漸《ようや》く初稿を脱することが出来た。自分はそれを携《たずさ》えて直ちに盛岡へ行き、恰《あたか》も開かれていた馬市を参観すると共に、地元の各専門家に、その初稿脚本の校正と指導を仰いだのであつた。

撮影は、去年の馬市の実写から既に開始した。時期々々に各地方へロケをして今は、馬市のクライマックスとセット全部とを撮る段取りになつてゐる」（シナリオ「馬」昭和十五年十月）

映画『馬』の挿入歌には、山本がちょうど夢中になって聞いていた『めんこい仔馬』（二葉あき子）ともう一曲、『馬』が用意された。

『馬』は作詞・佐藤惣之助《さとうそうのすけ》、作曲・古賀政男という黄金コンビ（ここまでに『緑の地平線』『人生の並木路』『人生劇場』などがあり、このあと『新妻鏡』など大ヒットが続く）の楽曲で、歌唱も伊藤久男、菊池章子を投入するという力の入れようだった。

この作品の主役は高峰秀子と馬ということになろうが、馬はロケ地ごとに何頭も替わったというから、やはり本当の主役は高峰だ。

『馬』に没頭した高峰秀子

当時から愛称〝デコちゃん〟と呼ばれていた高峰は、十五歳から十七歳までの三年間、この映画に没頭し、結果として大スターの地位を確保した。その高峰は後年、次のように山本嘉次郎について書き残している（抄出）。

山本嘉次郎と高峰秀子
（『わたしの渡世日記』より）

「脚本、演出が山本嘉次郎。演出助手には若き日の黒澤明と谷口千吉、というスタッフで、東宝でも前代未聞というほど、金とヒマをかけた文字通りの超大作であった。

毎朝八時の出発時刻には、宿屋の前に車とスタッフ、見物人たちがひしめき合い、戦争のような騒ぎである。まず、山本嘉次郎、カメラマン、ロケーション・マネージャーの乗った車が先頭を切って走り出す。その車にくっついて、六台のバス、トラック、ハイヤーが金魚のウンコの如くズラズラとつながって走り出すのだから、実に壮観といおうか、バカバカしいといおうか、一言でいえば、『こっけいな見もの』であった。私は主役用のハイヤーに乗るように決められていたが、いつの間にか、先頭の演出用ハイヤーに乗るのが習慣になっていた。

山本嘉次郎がとつぜん気に入った場所を見つけた場合、演出専用車から飛び出して現場に立ち、私を景色の中に立たせて、はじめてイメージが湧くのである。だから、主演の私は、山本嘉次郎のイメージの必需品でもあった。監督がポジションを決めている間に、金魚のウンコたちが続々と到着し、黒澤明の指示で必要な器材だけがトラックから降ろされる。

私が演出専用車に乗る最大の楽しみは、なんといっても博識な山本嘉次郎のお喋りから得る『耳学問』であった。私のからっぽの知恵袋は、飢えに飢えて、『知識』というご馳走を待ち構えて常に大きく口を開けて、生ツバを飲み込んでいたのである」

(『わたしの渡世日記』)

たしかに山本嘉次郎は、「なんでもかじろう」とあだ名されるほどに多趣味多芸の粋人で、かつ博覧強記として鳴らしていた。高峰秀子は持ち前の筆力と言おうか腕力によって、山本の異才ぶりを描き出して見せた。

人気番組「話の泉」

ところで、戦後NHKのラジオ第一放送でお馴染みだった「話の泉」というクイズ番組（昭和二十一年十二月から昭和三十九年三月まで）をご存知の読者は多いだろう。蘊蓄《うんちく》と雑学を解答者たちが互いに競い合う、なかなか機知に富んだ人気番組（司会者は初代・徳川夢声《とくがわむせい》、次いで和田信賢《わだのぶかた》、高橋圭三、八木治郎、鈴木健二）だった。

この番組の常連解答者には、堀内敬三、サトウハチロー、徳川夢声（漫談家、俳優）、渡辺紳一郎（元新聞記者、評論家）、大田黒元雄《おおたぐろもとお》（音楽評論家）、それに山本嘉次郎が加わっていた。

よく見れば、堀内敬三は『愛馬進軍歌』の選考者で、サトウハチローは『めんこい仔馬』の作詞者、山本嘉次郎は映画『馬』の監督である。戦後のラジオ番組を席巻した「話の泉」の出演者の半分が、国民歌謡と国民映画製作にかかわった重要人物で占められていたのは意外な発見だった。晩年は映画製作の機会には恵まれなかった山本嘉次郎だが、異能ぶりは「話の泉」で遺憾なく発揮された。

撮影現場で山本は、「山さん」とも「ヤマカジさん」とも呼ばれていた。「山さん」は助監督の使い方にも長《た》けていた、と黒澤明が自著で回想している（抄出）。

「山さんは、私達助監督に経験を積ませるため、よくB班の監督（代理監督）をやらせた。時には、あるシーンを途中まで撮って、さっさと帰ってしまう事さえあった。これは余程助監督を信頼していなければ、出来る事ではない。また私達助監督としては、下駄を預けられたようなもので、責任は重いし、変な事をやれば、山さんの信用ばかりでなく、スタッフの信用も失いかねないから、必死にならざるを得ない。その辺の事は、山さんは万事承知の助で、何処かでニヤニヤしながら、一杯やっていたに違いない。こういう山さんの意地悪は、出し抜けの試験のようなもので、私達に演出能力を実験する絶好の機会を与えた」（『蝦蟇《がま》の油』）

馬市《おせり》のラジオ放送

山本嘉次郎が群馬県・四万温泉の宿で聞いて衝撃を受けたと語っている盛岡での馬市とはどのようなもので、現在はどうなっているのか。

調べてみると、盛岡在住のジャーナリスト・澤田昭博氏が地元紙「盛岡タイムス」に次のような一文を寄せていた（抄出）。

「九月に入ると祭りばやしの笛や太鼓の音が聞こえてくる季節です。八幡宮例大祭の山車《だし》と屋台で賑わう昨今ですが、かつて秋の盛岡名物といえば馬市《おせり》と呼ばれた二歳駒の競り市と、八幡宮の秋祭りという二大イベントがほぼ同時開催されていました。今日は、明治期の旧馬町（現清水町）と現在の松尾町（新馬町）にある「馬検場」、そこでロケをした東宝映画『馬』がテーマです。

ロンドンオリンピックや競馬の実況生中継ならわかりますが、昔は馬市のラジオ生放送があったというのには驚かされます。山本嘉次郎監督・脚本の東宝映画の超大作『馬』の構想は、盛岡放送局から流れた馬市の実況放送だったと本人が語っています。シナリオ台本を澤井敬一さん（87）からお借りしました。

昭和十六年三月全国で封切られ、日劇では開場三十分で三千の客席が埋まる盛況だったといいます。当然盛岡の第一映画劇場でも午前九時半から午後十時まで五回上映で毎回満席、劇場始まって以来の入場を記録しています。これまで多くの人で賑わった馬検場はいつの間にか車が馬にとって代わり、完全に駐車場に様変わりしています」（「盛岡タイムス」連載「もりおかの残像」二〇一二年九月）

山本組のロケ隊が盛岡馬検場にやって来て、軍馬徴用のクライマックス・シーンの撮影が開始されたのは、昭和十五年九月十四日だった。

馬市《おせり》そのものの人出に加えて、高峰秀子たちをひと目見ようと集まった近郷近在の村人は数千人とも言われ、盛岡始まって以来の賑わいだったとの記録が残っている（盛岡畜産農業協同組合資料）。

実際に進行している馬市のセリ会場に高峰秀子を立たせるのだから、セミ・ドキュメンタリー撮影である。岩手県、つまり南部藩（盛岡藩）は牝馬《ひんば》の他藩移出を厳禁していたほど、この地方の馬への愛着には歴史的に強いものがあった、と澤田昭博氏は「もりおかの残像」に書いている。

南部藩は牡馬《ぼば》を上中下の三段階に格付けし、上馬は殿様用、中馬は藩士用、下馬だけが他藩への移出を許されたのだという。藩内だけで優秀馬を囲ってきたところに、臨時馬政調査委員会からさまざまな施策が講じられるようになり、馬は藩から国家の管理するところとなったのが近代の馬政史というわけである。

東條英機と『馬』

その軍馬徴発の頂点ともいえる支那事変のさなかに、『馬』のロケは開始されたのだが、公開に辿り着くまでには監督なりの苦労があった。

昭和十五年夏のことだ。映画の撮影は進行していたものの、公開時の興行には「文化映画」並の予算（小屋＝映画館数）しか付けられない、とラッシュ（編集前の棒焼きフィルム）を見た幹部連から言われてしまった。つまり公開の規模や小屋数が限定され、学校巡回映画のような扱いになるというわけだ。

東宝の上層部が、興行的にかなり危ぶんで二の足を踏んだのも、無理はない。南部地方の曲り屋の厳密なセット造りや、丹念な方言指導からみても、きわめて民俗学的な細部にこだわっている。さらに四季折々を撮るドキュメンタリー・タッチの撮影方式は、「これは娯楽作品ではない、文化映画だ」と指摘されても無理からぬ点があった。それほど東北農村の実態と馬との交流の機微を丁寧に描き、国民文化映画の要素が十分に醸し出されていたのだ。

そこで、山本嘉次郎は一計を案じた。陸軍省の馬政課に足を運んでシナリオを見せ、何か協力してもらえることはないか、と持ち掛けてみた。シナリオを読んだ担当者と馬政課長は、最後には馬が軍馬として見事に買い上げられる内容に得心《とくしん》し、積極的な協力を申し出た。

陸軍省馬政課にしてみれば、軍馬調達に苦心しているさなかに降って湧いたような名企画でもあった。この年三月、栗林大佐はすでに馬政課長から少将に昇進し、騎兵第二旅団長に就任しており、この席にはいない。運命の硫黄島に彼が着任するのは、昭和十九年六月のことである。

馬政課からは「陸軍省推薦」という案も提示されたが、これは山本が辞退し、あくまで東宝作品としての独自性を確保しようとした。

そこで出た折衷案は「陸軍大臣の言葉」を冒頭に入れる、というものだった。「言葉」を入れるからには、陸軍省が大臣名で東宝に大々的な公開を要請するという政治的な意味が含まれていた。

東宝幹部も「陸軍大臣の言葉」が入り、陸軍省のいわばお墨付きということであるならば興行的にも多少の安心感が担保され、公開も大規模でやろうという話にまとまったというわけである。

時の陸軍大臣は誰あろう東條英機だった。東條が陸相に就任したのが昭和十五年七月、第二次近衛内閣組閣時である。東條陸相が『馬』の完成試写を見たのは、昭和十六年三月封切りから逆算して、おそらく同年初頭ではないだろうか。

東條の生まれは東京だが、東條家はかつて能楽師として盛岡藩に仕えた身だ。だが、盛岡藩は戊辰《ぼしん》戦争で奥羽越列藩同盟に加わり、賊軍の汚名を着せられる。父・英教《ひでのり》は陸軍大学校一期生、秋山好古《よしふる》（最終階級・陸軍大将）と同期で首席卒業したものの、中将で予備役に編入されて生涯を終わった。息子の英機が陸軍内部での出世に強いこだわりを見せたのは、父が長州閥の差配で苦汁《くじゅう》を舐《な》めた遺恨があったから、と言われるのはそうした背景からだ。

南部駒の産地風景を十分に試写室で堪能した東條は、そうした父祖の代を思い起こしつつ、南部駒の戦地での働きを期待して「言葉」を引き受けたものと思われる。

いま手許にある『馬』のDVDを見ると、タイトル・配役のあとに「東條陸軍大臣の言葉」という文字が現われる。東條陸相の声は流れず、文字だけが数行出てくる。あの独特の甲高《かんだか》い声が聞けないのはやや拍子抜けの感もあるが、まあ、ないほうがいいだろう。

「東條陸軍大臣の言葉
飼養者の心からなる慈《いつく》しみに依ってのみ優良馬——将来益々必要なる我が活兵器——が造られるのである」

これだけの短いものだが、いかにも東條らしい簡潔にして直截《ちよくせつ》な文言だ。「我が活兵器」とは、「騎兵操典綱領（第十二）」の一節から引用したものと思われる。この先、各戦地では、上官が「軍馬は活兵器であるから大切に扱え！」と兵を叱り飛ばすようになってゆく。

Ⅱ．黒澤明と高峰秀子

映画『馬』に見る馬市

昭和十四年九月十四日、盛岡市の馬検場で催されている馬市会場に、山本組のロケ隊がやって来た。盛岡市新馬町（現松尾町）に当時あった馬検場である。

「百円ッ、百円ッ！」

「二百円ッ！」

「二百五十両！」

「ハイ、二百八十円ッ、さ、ねえか？　ねえか？」

「ほれッ、もっと高く買ってけれ、ええ馬《ま》っこだぞ」

馬市会場は見渡す限り人と馬の群れで埋まっていた。狭い道の両側には、古着屋、荒物屋、瀬戸物屋、小間物屋、農具屋などがけたたましく客を呼んでいて、その間を年寄りも子供も娘も一張羅《いっちょうら》で着飾って会場に押し寄せて来るのだった。

山本嘉次郎が映画製作への興奮を抑《おさ》えられなかったのは、この同じ模様を前年秋、ラジオの実況放送で聞いていたからである。

馬主が丹精込めて育てた愛馬を曳《ひ》き出し、轡《くつわ》を高く取って会場をくるくる回っている。馬をひと睨《にら》みした「せり人」（鑑定人＝かぎとり）が指で数字を示しつつ、甲高い声で値段を叫んで競《せ》り合いとなるのだ。

競り合いの横に張られたテントのなかには、軍馬調達担当の将校らが、引き回される馬を鋭い視線で追っている。ほかに農林省、県庁などの役人が並ぶ。将校の正式な職名は軍馬補充員という。

明治天皇の勅諚《ちよくじよう》によって「臨時馬政調査委員会」が明治三十九年以降、整備され、彼らは全国各地に配備された富国強馬政策の最前線の係官である。富国強馬は、農村生産者と競走馬の二面作戦で実施されていた。

農村生産者の場合には、こうして軍馬補充部の指導下でセリに掛けられる。一方、競走馬は血統を重視した名馬生産に命運がかかっていた。競走馬ほど遺伝性の強いものはない。原則的に、名馬の子孫は名馬なのだ。かつて、競馬ファンで馬主でもあった菊池寛《きくちかん》はこう言い切っている。

「あらゆるサラブレッドは、十七世紀に於ける三頭の種牡馬ダーレー・アラビアン。バイエリイ・ターク。ゴドルフィン・バーブの三頭を先祖としてゐるのである。日本に来てゐるサラブレッドも、みんな英国伝来の血統がハッキリしてゐるのである。血統の不明なものは、洋種と云つてサラブレッドとは云はないのである」（『日の出』昭和十二年十月号）

このように競走馬は血統第一だが、馬市のほうは実用主義である。軍馬補充部の「馬市」は、全国の農村ですぐ役に立ちそうな馬を懸命に集めていた。

と言っても、実際に戦地に送り出すまでには調教訓練が欠かせない。銃声にも驚かずに黙々と働く馬を求めて、軍馬補充部は全国津々浦々に網を張った。とりわけ北海道・十勝、青森、盛岡などの馬市には、大きな期待が掛けられていた。

青森県三本木村に置かれた「軍馬補充部三本木支部」は、軍馬買い付けの総本部である。ロケ場所に派遣されてきた係官も、三本木支部所属だった。

買い付け価格は、明治三十年頃まで平均して一頭が五十円ほど。日清・日露戦争の時代になると、七十円から八十五円くらいに上がる。いわゆる戦争特需が、農村の現金収入にも分配されていたのである。

軍馬補充部が買い付ける馬には二種類あって、まず二歳駒から四歳駒（いずれも数え年）で、これは補充部で育成・訓練するための馬。さらに、不足が生じた場合の補充として五歳馬から七歳馬が購入の対象となった。

盛岡の馬市に集まってきたこの日の馬は、明け二歳駒のセリで、前年春に生まれた仔馬が一年半ほど成長したところでセリに掛けられる。

軍に買い上げられた馬は育成と訓練のうえ、各部隊に必要な駄馬、輓馬、騎兵用、あるいは将校用乗馬などに分類されるのだが、それは以前述べたような各馬の体格や性格を見極めて決定される。

その馬市に集まった群集に混じってじっと目を凝《こ》らしている高峰秀子を、映画『馬』のカメラは追っている。

人の輪の最前列まで出てきてしゃがみこんでいる農家の娘・いねに向かって、世話役の男が「どこの子《わらす》だ、女《おなご》のくせしでこんたなところサ来てけづかって。さァ、ちゃッちゃと帰《けえ》れ」と言って、肩先を押して突き出そうとした。

セリを仕切っていた鑑定人がそれに気づいて、「なんとお前、小野田の姉ちゃんでねか。ま、いいてばいいてば。オラとこの知り合《え》いの娘っコだ」と世話役からかばって座らせてくれた。いねは稲こきの仕事から親の目を盗んで、大好きな馬市《おせり》に来ていたのである。やがて次の馬が曳き出されて鑑定人の大きな声が響くと、いねの目はセリにくぎ付けになる。

「玉山村四十八《よんじゅうは》号、二百五十円ッ！　ないか？」

ムシロで囲まれた競り市会場は人いきれと馬糞の臭い、土ぼこりでむせかえるようであった、と高峰秀子は自著『わたしの渡世日記』に書き残している。

『馬』のロケは順調に四季折々、東北地方を巡りながら進んでいった。

山形県最上《もがみ》町にロケ隊が向かったのは、昭和十五年秋のこと。高峰秀子をひと目見ようと見物人が黒山のように集まっていたが、そのなかに六歳の門脇貞男《かどわきさだお》という少年がいた。

やや早熟気味だったのだろうか、高峰秀子を垣間《かいま》見ただけで、門脇少年は高峰の美貌に夢中になった。産科医の家に生まれた少年は長じて漫談家となるが、憧れの女性の名を芸名に付けてケーシー高峰となったのである。

愛馬との別れ

『馬』のあらすじを簡略ながら紹介しておこう。

近郷の百姓の長女・小野田いね（高峰秀子）は生まれつき馬が好きで、この日もこっそり農作業を抜け出して馬市の見物にやって来た。かつていねの家でも馬を飼っていたことがあったのだが、病気で馬が死んだために借金が返せず、一家の生活は苦しかった。馬市から帰ったいねは父・小野田甚次郎（藤原鶏太）と母・さく（竹久千恵子）に馬を飼ってくれとせがむが、もとより相手にされない。

馬上の高峰秀子。『馬』のロケシーンから（『わたしの渡世日記』より）

ところがある日、組合長に呼ばれて行った父が、鑑定人の坂本さんから「馬を預かってくれ」と頼まれる。初めは躊躇《ちゅうちょ》していた甚次郎だが、預かる馬が妊娠馬で最初の仔馬が貰えるという条件だったので承諾し、小野田家に妊娠馬が来ることになった。いねは大喜びである。一家の生活は、厳冬期を迎えてますます困窮の度を増していたが、いねは必死になって馬の世話をし、遂に出産の春を迎えた。昭和十三年五月のある晩、いねの馬はかわいい仔馬を産み落とし、いねが「小僧」と名付けた。

仔馬が産まれたあと初めての夏が来て、盆の支払いに困惑した甚次郎は仔馬を売って金を作ろうとし、博労《ばくろう》の手に「小僧」を渡してしまう。

仔馬を失った母馬が必死になって仔馬を捜し求める姿に耐え切れず、いねは女工になって仔馬を買い戻そうとした。一年が過ぎて盆休みに帰郷したいねは、放牧場にいる仔馬に逢いたいと必死に捜すが、皆すでに大きく成長していて見分けがつかない。

そこへいねの後ろから寄って来て、いねに鼻をこすり付けて来る馬がいた。いねの「小僧」だった。二歳駒になってすっかり見違えるほど逞しくなった「小僧」は、いねが貯めた給料で再び小野田家に買い戻される。そして昭和十四年九月、丹精を込めて育てた「小僧」は綺麗に着飾ってもらい、馬市へ出された。

小野田一家も総出で盛岡の馬市会場へ「小僧」を曳いて、朝まだ暗いうちから向かう。いねの二歳駒は、最高値の五百五十円がついて軍馬御用となった。一家の苦労は酬《むく》いられ、村中から祝福されて祝い酒に酔うのだった。軍馬に買い上げられるというだけで村を挙げて誇りになるのだが、いね一人、やがてお国のために出征する「小僧」との別れを惜《お》しむのだった——。

〝放馬事件〟

『馬』には、小野田いねの弟・豊一が盛岡の工場へ働きに出るシーンがある。家族とのしばらくの別れである。親兄弟みんなが小さな駅に見送りに出ているが、いねの姿がない。汽車は岩手山の裾野の牧場を突き抜けるように走る。

シナリオでは次のようになる。

「（汽車の）窓の外いねが、裸馬をカッ飛ばして、汽車と並行しながら手を振って走る」

とある。このシーンの撮影が問題の発火点となった。高峰は自身で次のように書いている。

「馬という動物は、ただ背中に乗っかって一ムチ当てればカッ飛ぶなどという単純な代物ではない。カッ飛ぶどころか、ひと振りされれば真っ逆さまにカッ飛んで落ちるのは私の方である。

馬方が私をヨッコラショ！　と馬の背中に押し上げて言った。『おっこちないように、両方の膝で馬ッコの背中バはさむべし――』

両膝ではさむもなにも、馬の背中は一メートルほども幅があって、どうにも上半身が安定しない。

『胸さ、張って――』と馬方が叫ぶ。カメラの横にいた山本嘉次郎から『ヨーイ！』という声が掛かった。くつわを取っていた馬方がサッと画面から外れた。『ハイッ』とまた山本嘉次郎の声が掛かった。助監督の銀ちゃんがいきなり馬のお尻に石を投げたからたまらない。ビックラした馬はビョンとはね上がって疾風の如く走り出した。私は馬の首にしがみついたが、身体は徐々に横倒しになってゆくばかり――。あとは落ちるだけである」（『わたしの渡世日記』／抄出）

このあと、高峰は馬の上で「もうダメだ。落っこって馬のヒヅメにかかって、一巻の終わりだ」と覚悟をするが、運よく馬方が追い付いて馬を止め、高峰を抱き下ろしてくれてことなきを得た。馬は利口な動物でけっして人間を踏まないと言われるが、一歩間違えばどうなったかは分からない。下ろされたものの、高峰は顔から血の気が引き、震《ふる》えも止まらない。

そのとき、黒澤明が飛んで来て高峰を抱きしめ、しゃがんだまま彼女の背中を赤ん坊をあやすように撫でたり叩いたりしながら介抱したのである。

再び高峰自身の筆によれば、

「黒澤明の、強い、しっかりとした両腕に抱かれた私は、彼の首すじにしがみつきたい気持ちを抑えながら、なんともいえない安心感に、身体の力がフニャフニャと抜けてゆくのを感じていた」

という次第である。

盛岡でのこの〝放馬事件〟以来、高峰と黒澤の距離は急速に接近した。といっても、忙しいロケのスケジュールのなかでそう自由な時間はとれない。黒澤は山本監督の代理ともされる製作主任。高峰にはステージ・ママのはしりともいわれた義母・志《し》げの代理を務める監視役・ハツというしっかり者が目を光らせていた。交際にも自ずと限界があり、人の目につく素振りや会話ができるスキはなかなか生まれなかったという。

ようやく盛岡ロケの合間に、町の映画館でベルリン・オリンピック記録映画を二人で抜け出して観《み》に行ったのが、初めてのデートだった。

昭和十三年にベルリンで公開された話題作『民族の祭典』（レニ・リーフェンシュタール監督・脚本）が昭和十五年夏、盛岡にやってきたのである。「前畑、頑張れ！」の実況放送が日本中を沸かせたことでも記憶されている作品だ。ドイツバージョンでは前畑のシーンはカットされていたのだが、日本国内向けバージョンには挿入されていた。映画が終わると、黒澤はリーフェンシュタールの演出に圧倒されて考えるところがあったのか、宿への帰り道では口も利《き》かず、ただ黙々と自分の足元を見つめたまま歩くだけだった。

高峰は前畑秀子の泳ぎっぷりに感激し、黒澤に何か話しかけてほしかったのだが、「彼は私のことなど気にも留めてくれなかった」（同前）と嘆いている。

黒澤明からのラブレター

昭和十五年当時、大正十三年三月生まれの高峰秀子はようやく十六歳、黒澤明は明治四十三年生まれなので三十歳と、十四歳も年が離れていた。父親を慕《した》うような感覚が高峰の側に生まれ、恋心が芽生《めば》えたのだった。

やがて長かった『馬』の撮影も終わった。完成試写があって「陸軍大臣の言葉」も入り、興行規模も全国各地で封切られたため、大好評のうちに一件落着。高峰も黒澤も東京へ戻り、ほかの作品に忙殺されていた。

この間に監督に昇進した黒澤は、第一回作品『姿三四郎』を撮っている。公開は昭和十八年三月である。

昭和十六年秋のことだった。これまでにも黒澤からラブレターのようなものが高峰宛に届いてはいたが、どうも色気も素っ気もないものばかりで、十七歳の高峰は呆《あき》れ返って、破いては小川に流したという。

手紙を貰ったことは嬉しかったのだが、なにせ母の検閲が異常なほど厳しく、部屋のなか、屑籠のなかまで漁《あさ》って男の接近を警戒する追い詰め方で、高峰は辟易《へきえき》としていた。思いあぐねた娘の腹の据わり方もなかなかのものだった。

「母《ママ》がギョッとするようなことをしでかしてやるぞ。グレて不良少女の仲間に入って、アグラをかいて啖呵《たんか》の一つも切ってやろうか。それとも突然赤ン坊でも産んでビックリさせてやろうか――。しかし、赤ン坊を産むには相手が要る。どこかへ行って、だれかと赤ン坊を仕込んでこなければならない。相手は――」（『わたしの渡世日記』／抄出）

それだけ当時の高峰は「金の卵」扱いで、結婚なんぞとんでもない、という観念が会社にも母親にも強かったということだろう。

ところがある日、東宝撮影所でたまたま出くわした黒澤が高峰に話しかけてきた。

「『成城に仕事部屋を借りたんだよ。デコの家のすぐそばだ、遊びにおいで』

旅館の小さな布団部屋で、夜遅くまでシナリオを書いていた黒澤明の姿が思い出され、私の胸はおどった。黒澤に会う機会も少なかった。が、会えば必ず、食堂でお茶を飲んだり、昼休みの撮影所の裏の御料林の小道を散歩したりして、みじかいデートに心をときめ

黒澤明（昭和 23 年）
（共同通信社／提供）

かせた。

『仕事部屋へ、きっと遊びに行くよ』

と私は約束した」(同前)

自宅に軟禁された高峰秀子

それから二、三日後、母が仲間と麻雀に熱中しているスキを狙って高峰は外へ飛び出し、成城の小道をひた走った。黒澤のアパートは二階の小部屋で、ノックすると声がしてドアが開いた。

六畳ひと間に、大男の黒澤が小さな机でシナリオを書いている部屋には、万年床が二つに折られていた。構わず高峰が部屋に飛び込むのと、黒澤の長い腕が高峰の肩を抱き寄せるのは同時だった。高峰の目からはなぜか不意に、涙が溢れた。

黒澤に会えた嬉しさが一気に込み上げてきたのだろう。

「母の目をかすめてここまで来た。ザマアミロ、という思いが、私の胸を突きあげたようだった」(同前)

ところがその瞬間、ドアが開けられ、目を吊り上げ、息を切らせている母とアパートの管理人の顔が並んでいた、というのである。

連れ戻された高峰はそれから一週間、自宅に軟禁された。撮影があるので母もそれ以上は拘束できず、やがて撮影所内で高峰は黒澤の姿を追い求めるようになった。

黒澤が撮影所の食堂前の芝生にぽつんと一人でいるのを発見し、「黒澤さん！」と声を掛けた。だが、黒澤の表情に人懐っこい笑顔はなく、無表情のままだった。やがて、黒澤はひと言も言わず、高峰の前から突然踵《きびす》を返すと、足早に去って行ってしまった。

高峰が茫然自失《ぼうぜんじしつ》したのは無論だが、軟禁されている間に何が起こったのか。後日、彼女は山本嘉次郎に問い質《ただ》している。

「母、山本嘉次郎、そして当時東宝の専務だった森岩雄の三人は、三様にビックリ仰天した。母にしてみれば、掌中の玉である私を失う。山本嘉次郎にすれば愛弟子の黒澤明が――と、青天のヘキレキ。また、森岩雄にすれば、せっかく『東宝』という殻の中で育て上げ、将来を嘱望していた演出家の卵と、女優の卵のスキャンダルである。三人はよりより協議の結果、決着を急いだ、という。

『二人とも、結婚にはまだ早いだろう? デコ、とにかく、そういうことだよ』

山本嘉次郎のそのひと言で、私はやっと一週間も軟禁されていた訳を理解した」

(同前/抄出)

こうして会社側は黒澤を強引に説得して二人を引き離すことに成功した、というのがこの恋愛劇の顚末だった。高峰秀子は、「昭和十六年は私にとって『恋よ、さようなら』そして『戦争よ、こんにちは』の年であった」と結んでいる。

オスマン族から英米覇権へ

昭和十五年、支那事変の戦端が開かれてすでに三年。事変の長期化に伴って、アメリカやイギリスは援蔣《えんしょう》ルートを通じて重慶《じゅうけい》の蔣介石国民政府を公然と支援しており、わが国は苦戦を強《し》いられていた。戦線は大陸奥地に拡大し、輸送、兵站《へいたん》を考えれば、一段と馬の補給が求められる時期である。

そういうときに公開された映画が『暁に祈る』(正しくは『征戦愛馬譜　暁に祈る』)だった。

『馬』が公開されるおよそ一年前の昭和十五年四月に封切られている。映画公開に合わせ、同名の主題歌が「国民歌謡」として四月に放送された。『馬』に先駆けて、「国民歌謡」と映画を通じて愛馬精神を普及させようというのが当時の国策でもあった。愛馬精神の発揚は、迫り来る日本の四囲の状況からして、必要欠くべからざる問題だった。

二十世紀前半に起こったわが国を取り巻く環境を考える時、とりわけ馬を媒体として戦争を俯瞰《ふかん》するならば、近世ヨーロッパ（十六〜十七世紀）にいったん目を向けておく必要がある。

この時期のヨーロッパは、イスラム勢力の宗主・オスマン族によって支配されていた。オスマン帝国の家系として続いたトルコの皇帝家である。オスマン族の軍隊は、歩兵よりも騎兵が主力だった。迎え撃つ東ローマ帝国は、コンスタンチノープルの戦いで一敗地に塗《まみ》れ、さらに神聖ローマ帝国（ドイツ）が征服されてウィーンにまで迫る勢いだった。

その主力武器は「活きた兵器」、すなわち馬匹《ばひつ》で、勝敗のカギはその優劣にあったと言われている。完全な重装備を施した騎兵を乗せるために、軍馬は大型化への交配が繰り返された。

オスマン族の馬はいち早く大型馬に進化し、重騎兵が弓の一斉射撃で欧州各帝国（ハプスブルク家やブルボン家など）を苦しめることができたのだ。

だが十八世紀に入ると、ヨーロッパの主要国は兵力も馬匹改良も進み、その数も膨大な規模に増強された。それは陸軍に留まらず、海軍の増強にもなり、大型艦隊が次々とアフリカ、アジアを征服するようになったのである。

この時代にはオスマン族も退《しりぞ》けられ、キリスト教徒が自由に世界を支配していた。アラブ種とサラブレッド種の壮絶な争いがあったことが窺《うかが》える一方で、それがまた馬匹改良を推《お》し進めるエンジンともなったのだ。

わが国の馬がまだ小型で野生のまま、あるいは去勢しない状態で使役されていた時代に、ヨーロッパ勢は馬の改良をテコにして、十八世紀に地球規模の覇権主義を展開していた。「馬力」が文字どおり、世界を支配した実態が背後にあったというわけである。日本がようやく馬匹改良の必要性に気付いたのは義和団事件や日露戦争のあとだったいきさつは、すでにこれまで触れてきたとおりである。

アメリカが太平洋に出てきたのは幕末からである。アメリカが日本列島から支那大陸、満洲へと覇権の目を向けるのは、日本が馬匹改良に勤《いそ》しんでいた時期にあたる。だが時をおかず、アメリカは馬を飛び越え、小型四輪駆動車（ジープ）への馬力切り替えを急いでいた。

『馬』の冒頭には、さりげなく「東條陸相の言葉」が入っていたが、『暁に祈る』は正面切って「陸軍省指導」、さらには「内務省後援」と「文部省推薦」の文字がタイトルバックに付いている。

『暁に祈る』の見所は、何といっても主役の田中絹代《たなかきぬよ》ならではの存在感にあるだろう。昭和六年、松竹蒲田でサイレント映画末期の作品『姉妹』（前後篇）が作られたとき、高峰は田中絹代の妹役として共演している。

田中絹代は、高峰秀子より十五歳も年長だった。松竹撮影所が蒲田から大船に移転するのは昭和十一年だが、すでに田中絹代は大女優として一目も二目も置かれるようになっていた。昭和十三年に上原謙と競演した『愛染かつら』が空前の大ヒット（続編が何本も製作されている）をみたあとはなおさらである。

その頃の田中絹代は鎌倉山に大邸宅を構えていたが、『馬』出演の少し前のときのことを回想しつつ、高峰秀子は田中絹代を偲《しの》んで次のように述べている。

「――もっと嬉しいことは、大幹部、大女優、大先輩である田中絹代に、実の妹のように可愛がってもらったことだった。

やがて彼女は、その日の撮影が終わると、自家用車へ私を乗せて鎌倉山の彼女の家へ連れ帰るようになり、とうとう最後のころは、私は大森のアパートへ帰らずに鎌倉山に泊り込んで、朝晩、彼女と一緒の車で撮影所通いをするようになった。

鎌倉山の彼女の家は、当時『絹代御殿』と呼ばれたほどの豪華で美しい日本家屋であった。そして人形のように小柄で華奢《きやしや》な彼女にふさわしく、巧緻な家具調度をはじめ、なにからなにまで優雅で、そして繊細であった。

夕暮れどき、二人一緒に鎌倉山の家へ帰りつくと、私は彼女にうながされて一緒に入浴する。生れてはじめて見る紙のように薄いヒノキの風呂桶と洗い桶が印象的だった」(『わたしの渡世日記』/抄出)

十五歳になった高峰秀子は『馬』で東北の少女を演じて好評を博し、三十歳の田中絹代は『暁に祈る』で銃後の妻を演じた。

高峰は日本の農村の娘になりきり、田中は出征した夫の留守を守る日本女性、つまり「愛国の女《おみな》」を見事に演じて見せた。

後日談だが、終戦後の昭和二十四年秋、ハリウッドに親善使節として招かれた田中が、翌年一月に羽田空港に降り立った際、ある問題を起こした。濃いサングラスでタラップを降りながら、報道人に「ハロー」と声を掛けたり、銀座のパレードで投げキッスを連発したことに因《いん》を発する。

これまで国民の多くが抱いていた「銃後の妻」や「気丈な日本女性」のイメージとの間に大きなギャップを感じたのであろう。その後はトップ女優の座を次第に明け渡すようになるが、名脇役として多くの作品に出演した。

国民と軍馬のダイナミズム

さて、『暁に祈る』の主な配役は次のとおりである。

監督：佐々木康

石川真吉の妻・千代：田中絹代

石川真吉：徳大寺伸
冬木清一：夏川大二郎
千代の母・坂田しげ：葛城文子
松田部隊長：佐分利信
唄う兵隊：伊藤久男
原口上等兵：笠智衆

贅沢なキャスティングが流れる間、伊藤久男の『暁に祈る』が挿入される。簡単にあらすじを紹介しておこう。

牧場の長女・千代（田中絹代）は、母親・しげ（葛城文子）の勧める牧童頭・冬木（夏川大二郎）との結婚を拒み、恋仲だった冬木の親友・真吉（徳大寺伸）に嫁ぎ、子供も生まれる。

ある日、真吉は出征することとなるが、牧童頭と跡取り娘の結婚を強く望んでいた母は「親娘の縁を切った」とまで言って二人を許さず、真吉の出征祝いの席にも顔を出さなかった。夫婦が育てていた馬の「太郎」も軍に徴発され、追うように支那大陸に出征した冬木と「太郎」は運よく戦地で巡り合い、「太郎」は冬木の馬となる。「太郎」の活躍はめざましく、手柄を立てた冬木はある日、真吉の部隊が近いことを知って訪ねるが、真吉は前の日に戦死したという。真吉の戦死の報せは石川家にも届き、ようやく娘・千代を許す気になった母・しげが線香をあげに石川家に来るが、千代は「私は石川真吉の妻です。名誉の戦死者の妻として生きていきます。お帰りになってください」と、きっぱり母に言う。

しげが「千代、私を許してくれますか」と頭を下げて「縁切り」を解くと、真吉の父もしげを許し、しげは線香を手向ける。支那の前線では、白木の箱に入った真吉の遺骨を抱いて「太郎」に跨った冬木がアップとなり、堂々の入城行進でラストシーンを迎える——。

長い紹介になったが、高峰の『馬』と比べてみるとなかなか興味深いものがある。『馬』があくまでも仔馬を育て、軍馬に徴発されるまでの生産農家の悲哀と感動を軸に描いているのに対し、『暁に祈る』はぐっと陸軍省肝煎《きもい》りの感が前面に出ているのは否めない。

それでも、栗林忠道が先頭に立って選んだ『愛馬進軍歌』が流れるシーンなどは、望郷の念に駆られる兵の日常生活を丹念に描いており、多くの国民の共感を呼ぶだけの作品に仕上がっている。

挿入歌は『暁に祈る』『愛馬進軍歌』のほかに、『愛馬花嫁の唄』（作詞・西条八十、作曲・万城目正）が効果的に使われる。

この二本の映画では、高峰秀子と田中絹代という強靭な個性がそれぞれ存分に味わえる。強靭という語感には、ただの美人女優にはない、鋼《はがね》のような鈍色《にびいろ》を帯びた輝きがあるという意味がある。

そういう点から見ても、この二人の女優が「国民歌謡」を礎《いしずえ》にした二つの「国民映画」を成功に導いた功績は記憶されるべきだろう。

現代には欠落している「国民の歌」や「国民の映画」には、国家を推進する動輪、言い換えればダイナミズムがあったと言ってもいい。日本人の精神の基底に流れる血脈のようなものとも言えようか。それゆえに、この時代を生き抜く生命力の根源に、馬の介在があったことが改めて偲ばれる。

第三章　天皇の馬

明治天皇（『皇室皇族聖鑑』より）

I.「神の馬」を継いだ明治天皇

天皇家と馬は縁遠く？

ふと気が付くと、皇族方の乗馬姿を拝見するという機会が、いつの間にかほとんどなくなっているように思われる。

もちろん、今上《きんじょう》天皇は今日ではご高齢ゆえ、乗馬の機会がないのは当然だが、ご成婚以後に限って振り返れば、テニスはよくなさったが乗馬姿を拝見した回数はあまり多くないのではないか。けれども皇太子時代、馬術はかなりの腕前に達しておられたことは巷間《こうかん》よく知られている。

美智子皇后も、以前はしばしば乗馬を楽しまれていたように思う。いまの皇太子殿下や秋篠宮《あきしののみや》殿下も、ご幼少期には馬術の訓練を多少されたと聞くが、近年ではメディアを通じては拝見する機会もない。

天皇・皇后のご日程には、近年では平成十七（二〇〇五）年十月三十日と平成二十四（二〇一二）年十月二十八日の天皇賞レースを「御覧」という記録が残っている。

今上天皇の天皇賞御覧はこの二回だけのようであり、やや寂しい感がなくもない。

かつて皇太子殿下・同妃殿下時代、東京オリンピック（昭和三十九＝一九六四年）時には、四歳になられた浩宮《ひろのみや》とご一緒に馬術競技を観戦されていたと記憶する。

下って、昭和六十一（一九八六）年十月には、来日中のエリザベス女王の夫君・エジンバラ公を案内して東京競馬場へも足を運ばれている。

今日ではご公務を減らす意味から、両陛下の競馬場へのお出ましがないのはやむを得ないだろう。せめて皇太子殿下・同妃殿下、または秋篠宮殿下など宮様方のご臨席があれば、天皇賞レースも一段と華やかな催しとなるのではないだろうか。天皇賞は、明治天皇が明治三十八（一九〇五）年に率先して始めた「エンペラーズ・カップ」から数えれば、百年を超える由緒ある競馬である。

常陸宮《ひたちのみや》妃華子《はなこ》さまが日本馬術連盟の名誉総裁としてかかわっておられるが、天皇家全体からするとかなり少なくなったという印象は拭《ぬぐ》えない。

もちろん、国民体育大会への陛下のご臨席はあるが、開会式だけのようだ。正式種目の馬術を御覧になれる機会がないのは、かつて名選手ぶりを発揮された陛下にはお気の毒な感がなくもない。天皇家と馬は、かつては切っても切れない一体化した深い関係にあったので、その変化がなぜなのか不思議に思われる。まずそのあたりの事情から、時代を振り返って考えてみよう。

戦前における昭和天皇の場合には、大元帥服姿で白馬に跨《またが》った写真が思い起こされる。

「天に白龍あり、地に白馬あり」とは、朝廷の年中行事について記した『年中行事秘《ひ》抄《しょう》』や神官の基本が書かれた『延喜式《えんぎしき》』という古文書のなかの一節だが、同書には続いて「白馬を見れば即ち年中の邪気は遠く来たらず」とある。つまり、白馬は安寧《あんねい》信仰と深くかかわっていて、神の使いと考えられてきた。

陸軍演習への行幸《ぎょうこう》、天長節《てんちょう》(四月二十九日の天皇誕生日)の祝賀観兵式、陸軍士官学校への行幸など、ハレの日に白馬を召される昭和天皇の姿が国民の目に焼き付いていた。

軍を統帥する大元帥としての存在感《プレゼンス》を示唆するだけでなく、神の使いである白馬に跨ることに「現御神《あきつみかみ》」たる天皇の役割と意義があったのだ。

それが大きく変わったのは、昭和二十年八月以降のことだ。昭和二十一年元旦の新聞各紙に発表された詔書を振り返ってみよう。

「――朕《ちん》ト爾等《なんじら》国民トノ間ノ紐帯《ちゅうたい》ハ、終始相互ノ信頼ト敬愛トニ依リテ結バレ、単ナル神話ト伝説トニ依リテ生ゼルモノニ非《あら》ズ。天皇ヲ以テ現御神トシ、且《かつ》日本国民ヲ以テ他ノ民族ニ優越セル民族ニシテ延《ひい》テ世界ヲ支配スベキ運命ヲ有スルトノ架空ナル観念ニ基クモノニモ非ズ」

いわゆる「人間宣言」である。GHQによって入念に準備されたこの詔書発表以来、天皇を神格化する観念は完全に否定された。

白馬に跨る昭和天皇

「白馬お召し」が敬遠されたのも、天皇が白馬に乗るということ自体、「軍国主義」的で、「国家神道の分離」に大いに反する行為と見られることを危惧《きぐ》したからであろう。それだけ「天皇の馬」には軍事的、宗教的な意味合いが強かったのもまた事実である。

「白馬騎乗禁止令」などというGHQの

命令が出たとは思えないが、宮中の側近があえて白馬を皇居の厩舎《きゆうしや》内に繋《つな》ぎ留め、戦後をやり過ごしてきたのではないだろうか。

「人間宣言」の詔書は「天皇ヲ以テ現御神トシ」という価値観を、日本民族の特殊な優越性などとともに「架空ナル観念」だと断じてしまった。そこで、天皇が神の馬に乗るのはGHQに対する「強いご遠慮」があったとも考えられる。

かつて、天皇の馬はとりもなおさず全軍馬の指揮を執《と》る馬でもあり、同時に戦没した百万軍馬の象徴でもあった。昭和天皇のご料馬には「吹雪」「白雪」「銀雪」などの白馬がいた。もちろん出征することはなく、病気や高齢で安らかに天寿を全うしている。あえて言えば、あらゆる徴発軍馬のなかで、大元帥が騎乗する馬だけは本土決戦がなかったために生き残れた馬でもある。

「最後の一兵まで」という本土決戦のスローガンは、とりもなおさず「最後の一馬まで」戦うことを意味する。

昭和天皇は戦後、そのことを十分承知されていて、「人間宣言」とは直接関係なく、軍馬慰霊の思いも込めて再び白馬に跨ることを忌避《きひ》されたようにも思われる。

かつて皇室にとって、馬とはすなわち軍馬だった。障害競技といっても、戦場での乗馬技術を向上させるという精神が根底にはあった。男子皇族が軍籍に入る義務が課せられていた戦前と今日を比較するのは、もちろん無理なこととは承知している。

実際には、皇族方が皇居内などで乗馬を楽しまれる機会が実はあるのかもしれないが、国民の目には届かない。次代の皇室と馬とのかかわりに少なからぬ変化の兆候を見るのは、私だけの思い過ごしだろうか。

神の馬はどこから来たか

戦時中の昭和天皇は、馬のなかでも特に白い馬、正確には葦毛《あしげ》という毛色の馬にしばしば騎乗された。「吹雪」「白雪」「銀雪」などと命名されたご料馬はみなこの葦毛だったが、「華初」「山吹」「初緑」といった栗毛や鹿毛にも乗られている。

白馬とその由来について、もう少し触れておこう。

白い馬はよく神馬《じんめ》として古来、神社などに供進する習慣があった。なぜ白馬が神と関係あるのかということについては諸説あるが、もっとも理解しやすい解釈は「汚れがないことが誰にも理解しやすいから」という説のようだ。

つまり、白馬はどうやら清らかな安寧信仰と深くかかわっていると考えられてきた。同じような意味から、珍しい黒馬も神馬の対象とされた。初めは後期奈良時代から初期平安時代までの貴族社会で広まったものだが、やがて狭い範囲ながら一般にも信仰は伝わっていった。

『日本馬政史』（第一巻）によれば、元慶《がんぎょう》（八七七〜八八五）から仁和《にんな》（八八五〜八八九）年間にかけて大震災を治める祈願、大洪水などの雨止め、雨乞《あまご》いなどの場合などの際、神社に奉じられたとの記録がある。時代は平安初期、藤原京が造営され、『源氏物語』が書かれるおよそ百年前にこうした馬と信仰の文明が始まっていたというのも、なかなか興味深いところである。

そもそも葦毛は生まれた時には黒味がかった青毛に全身覆《おお》われていて、年齢とともに白毛が増し、やがて白馬に見えるようになるのである。宗教的な儀礼からいえば、白馬のほかに白虎、白猪、白鶏、白牛、白蛇などが神の使いとして供えられたという記録もある（『年中行事秘抄』）。

祭祀《さいし》以外にも、安産から旅の安全祈願までその風習は定着し、絵馬や馬頭《ばとう》観音などにいまでも名残が見られる。今日でも夏のお盆などで、茄子《なす》に足を付けて馬を作る風習がある。彼岸との往復に先祖が困らないように、と配慮されたものだろう。

こうして、弥生、古墳、飛鳥時代に始まり、奈良、平安時代にかけて白馬を祝いの日の宮中儀式に引き出す慣《なら》わしが定着した。

この行事を「白馬節会《あおうまのせちえ》」と言い、下って第五十九代・宇多《うだ》天皇（在位：八八七年〜八九七年）の時代（村上天皇＝在位：九四六年〜九六七年までとする説あり）までは、白馬ではなく青みを帯びた黒毛馬が使用されていたという。

白馬を「アオウマ」と読み、実際に青黒色の馬が儀式に使用されていたのは驚きでもある。

爾来《じらい》、一般的にも馬を「アオ」と呼ぶ慣わしが定着するようになったとされる。白馬が本格的に宮中儀式に使用されるようになるのは宇多天皇の次代、醍醐《だいご》天皇（在位：八九七年〜九三〇年）からである。この時代、一月七日には天皇が白馬を引き出し、群臣とともに邪気を払う行事のあと、饗宴《きょうえん》を張ったとされる。こうした故事にちなんで、宮中では長らく白馬が邪気を払い、国を守る「気」を吐くものとされてきたのだが、儀式そのものは明治時代には終わった。その後は、京都・上賀茂《かみがも》神社や大阪の住吉《すみよし》大社などが代わって伝統を維持していると聞く。

蒙古馬《もうこうま》が半島を渡って

さて、わが国に馬（原種エクウスを含む）が渡来したのはいつ頃のことだろうか。これには考古学者の間にも諸説あって、特定しにくい。いずれにせよ、早ければ旧石器時代後半、遅くても縄文時代から弥生時代初期までの間には、朝鮮半島を経て渡来したという点でほぼ確定されているようだ。

いまからおよそ二千二百年前、秦《しん》の始皇帝《しこうてい》（在位：紀元前二四六年〜同二一〇年）は中国大陸で初の統一王朝をうち建てたとされる人物だが、その陵墓からはおよそ八千体の兵馬俑《へいばよう》が発掘されている。

兵馬俑とは死した皇帝を護衛する塑像《そぞう》の近衛軍団で、馬車、馬、兵などが地下宮殿に二千年以上前から眠っていたという。皇帝と軍馬との強い絆《きずな》を示す顕著な例でもある。

秦に代わって帝国を支配した前漢の武帝《ぶてい》（在位：紀元前一四一年〜同八七年）時代になると、「千里走って、血の汗を流す」という天馬のような馬が『三国志』には登場する。「汗血馬《かんけつば》」と呼ばれ、武帝が騎乗してこよなく愛《め》でたとされるが、一日に千里（約四千キロ）走るというのはやや誇張だとしても、それに似た馬が実在した可能性は十分に考えられる。

古代騎馬民族から入手した貴重な皇帝の天馬が、わが国に渡来した記録はない。日本へは背の低い蒙古馬が半島を渡って来たと考えるのが順当なようだ。

わが国の獣医学会、陸軍省馬政局、農林省畜産局などに属する馬政の泰斗《たいと》を集めて編纂《へんさん》された『日本馬政史』（全四巻・帝国競馬協会、昭和三年刊）には、次のような半島渡来説が述べられている。

「万葉集抄に、『我国の馬といふものは人代に及びて百済《くだら》より奉りしに始りたるなり」（第一巻）

第十五代・応神《おうじん》天皇の時代にはすでに渡来していた、ということになる。『日本書紀』から機械的に西暦に置き換えると、応神天皇は五世紀前後に在位した天皇ということになる。さらに同書は、馬の骨が石器時代の古墳から発掘されていることも強調している。

「我日本に於ても、最近に尾張国熱田の貝塚から馬の骨が現はれたので、疑もなく石器時代に馬の棲んでゐた事が明かに知らるゝやうになつた。それに就て鳥居（龍蔵《りゅうぞう》）

博士は其著『有史以前の日本』に於て左の通り述べてゐる。
『尾張熱田の貝塚から馬骨が出たが、之は下肢骨であつて浮彫の彫刻がある。之によつて当時既に馬が用ゐられたことが判り、又馬骨は一種神秘的なものとして用ゐられて居つた事は其彫刻によつて知ることが出来る、当時彼等が困難を凌いで朝鮮あたりから馬を連れて来たといふことが考へられる』」

発掘された馬の骨格からみて、これは馬の原型エクウスと呼ばれるものを指しており、その後、全国各地から発見されている。

現在ではさらに研究が進んだ結果、エクウスから進化したいまの馬は、縄文時代後期から弥生時代にかけて朝鮮半島を経由して入ってきた蒙古馬と特定されている。それも小型であることに変わりはなく、基本的にはポニー種といわれるものだ。ポニーとは体高百四十七センチ以下の馬のことを指す総称で、在来の国産馬はすべてポニーということになる。

テレビ・ドラマなどで武士が颯爽《さつそう》と疾駆《しつく》するシーンをしばしば見るが、あの時代の馬がそんなに大きいはずはなかった。武士も背が低いが、馬も低かったのだ。

日本の在来馬には、トカラ馬、木曾馬《きそうま》、野間馬《のまうま》、対州馬《たいしゅうば》（対馬《つしま》地方中心に生息）、北海道のドサンコ、与那国馬《よなぐに》、宮古馬《みやこ》などがあり、これらが明治以前の日本馬である。いずれも体高百十センチから百三十五センチまでとかなり小型で、蒙古馬がそのオリジナルだった。

その蒙古馬が渡来以降、五世紀から六世紀にかけてさまざまな馬事文化の発展をみたものと考えられている。「白馬節会」が宮中で栄えた時代が、この頃であろうか。

埴輪《はにわ》と万葉集

ほぼこの時期に重なり合う古墳時代（三世紀中頃〜七世紀頃）には、よく知られるように埴輪馬《うま》が古墳から多数出土している。縄文・弥生にかけて渡来した馬は、大和朝廷を主体とする貴族社会の間で重用され、祭祀《さいし》に欠かせないものとなった。その貴族が亡くなると、巫女《みこ》などの人物埴輪とともに多くの埴輪馬が埋葬された。

埴輪馬には裸馬の場合と装飾馬があるが、装飾馬には鞍《くら》や轡、鐙《あぶみ》もついており、大和朝廷や豪族などの当時の馬との生活のかかわりが伝わってくる。こうした古い馬事文化の一端には、横浜市中区にある「馬の博物館」で触れることができる。

馬は早くから故人の精霊を運ぶものとしても崇《あが》められてきた。あの世とこの世を先祖が行き来する乗り物として、茄子《なす》やキュウリに足を付けた馬が用意されるお盆の風習については述べたとおりだ。

馬の民俗的文化の伝承と並んで、馬事文化の反映のひとつとして万葉集が挙げられよう。万葉集がいつ編纂《へんさん》されたか、という問いには現代でも結論は出ていないが、七世紀、三十四代・舒明《じょめい》天皇（在位：六二九年〜六四一年）の時代以降、約百三十年間を万葉時代と呼ぶのが通例だろう。八世紀の貴族社会で、万葉集全二十巻の形成に情熱を注いだ大伴家持《おおとものやかもち》によって約四千五百首の歌が収められた。膨大な和歌のなかには馬、または駒を詠んだ歌が数多く含まれている。馬にまつわる歌を少し拾ってみよう（解釈は中西進『万葉集：全訳注原文付』より）。

日並《ひなみし》の皇子《みこ》の命《みこと》の馬並《うまな》めて御猟《みかり》立たしし時は来向ふ（作：柿本人麻呂《かきのもとのひとまろ》）

皇子の命が馬を連ねて今しも出猟なさろうとした、あの払暁《ふつぎよう》の時刻が今日もやがてくる（日並とは太陽と並ぶ皇子の意）。

人麻呂がここで詠《うた》う皇子とは草壁皇子《くさかべのみこ》（四十代・天武《てんむ》天皇の皇子）を指すが、宮廷に仕える人麻呂クラスの役人でも、この時代には馬を持っていたのだろう。

人麻呂より下って四十五代・聖武《しょうむ》天皇（在位：七二四年～七四九年）の時代から四十九代・光仁《こうにん》天皇の時代まで要職に就いていたのが大伴家持である。家持は万葉集編纂にかかわる歌人としてその名を残すが、いまでは『海行かば』の作詞者としても広く知られるようになった。原歌は長歌で、軍歌となったのはその一部分にすぎない。ややや長い引用をお許しいただいて、長歌のなかから『海行かば』を含む前後のくだりを引いてみたい。

「葦原《あしはら》の　瑞穂《みづほ》の国を　天降《あまくだ》り　領《し》らしめしける　皇御祖《すめろき》の　神の命《みこと》の御代重《みよかさ》ね
天の日嗣《ひつぎ》と、領《し》らし来る――いよいよ想ひて　大伴の　遠つ神祖《かむおや》の　その名をば　大《おほ》
来目主《くめぬし》と負ひ持ちて　仕へし官《つかさ》　海行かば　水浸《みづ》く屍　山行かば　草生《くさむ》す屍　大君
の　辺《へ》にこそ死なめ　顧《かへり》みは　せじと言立《ことだ》て　大夫《ますらを》の　清きその名を　古よ　今の
現《をつつ》に　流さへる」

その家持が詠んだ馬の歌を一首紹介して、時代を急ごう。

馬並《な》めていざ打ち行かな渋谿《しぶたに》の清き磯廻《いそま》に寄する波身に

馬を連ねてさあ、鞭うって行こう。渋谿の清らかな磯まわりに寄せる波を見に（渋谿は富山県高岡市西北の海岸で、明日への期待を述べて望郷の情を打ち切る）。

明治天皇と馬

万葉の時代からおよそ一千年、一八六八年八月二十七日が明治天皇の即位式、九月八日には慶応から明治と改元された。天皇の京都出発は九月二十日、十月には江戸城が皇居（東京宮城《きゅうじょう》）となるなど息つく間もないほど慌ただしい。

この一千年の間、いわゆる戦国時代から二百六十年に及ぶ徳川幕府までの間、馬匹の進化はほとんどなかったとみていい。武士と馬については後に述べたいが、概ね背高百三十五センチ前後の小型馬に跨って戦場を駆けめぐっていたものと考えればよい。ちなみに、競馬で勝つことのみを目標として、明治後半以降、交配を繰り返してきた現代のサラブレッドは体高百六十センチから百七十センチ、体重も四百五十キロから五百キロが標準とされている。

『日本馬政史』を繙《ひもと》いたところ、種子島《たねがしま》に鉄砲が伝来した時、つまり天文《てんぶん》十二（一五四三）年に、ポルトガル人とともにアラビア馬も上陸していることが分かった。

その後の洋馬記録は天正《てんしょう》十九（一五九一）年、イエズス会の巡察師が来日したときである。

競馬評論家の早坂昇治は『馬たちの33章』のなかで、次のように説明している。

「アラビア馬は巨大な体と活発な性質、十分訓練された歩き方をしていたが、それに比べその後に続いた日本馬は、小さくて優雅さもなく、秀吉の厩にいる最良の馬でも、まるで駄馬のようだった」

京都御所で少年期を過ごしていた明治天皇は、馬術をこよなく愛していたとされる。だが、時代状況から馬に乗るには「ご遠慮」があった。大政奉還の勅許《ちょっきょ》が下る日までは幕府への気遣いもあって、馬術は木馬で訓練していたというのだ。

天皇にとっての馬術が立派な武術だったことを示す一例だが、残されている史料によると、王政復古前後の微妙な空気が察《さっ》せられる（振り仮名は現代仮名に改めた）。

「天皇が御馬術を好ませ給ひし事は、屢々《しばしば》述べ奉れり。されど、王政復古の前幕威《ばくい》未だ衰へざりし頃は、幕府に憚《はばか》らせ給ふ処ありて、武事の御たしなみも御心には任せざりき。

『天子御芸能之事、第一御学問也』とは、家康がまゐらせたる禁中方御条目十七箇条の第一条にして――天皇未だ東宮として京都に在《まし》ます頃は、木馬にのみ召させられて、十七通りの馬術を木馬によりて御修了あらせられしが、早く生きたる馬に乗り度《た》しとの御諚《ごじょう》あり、岩倉具視《ともみ》承りて良馬を求めしに、恰《あたか》も在京中の織田《おだ》兵部少輔《ひょうぶのしょうゆう》が有《も》てる五歳の栗毛の逞しきが、御料馬として恥かしからぬを見出しければ、之に誓旨《せいし》を伝ふれば、織田此上も無き名誉とて、其馬を上《たてまつ》る。天皇すこぶる悦ばせ給ひ、これより愈々御乗馬御実習の事あり。天皇其時御年十六歳、御即位後間も無くの事なりけり」（『明治天皇御一代記』大正元年刊／抄出）

家康の遺訓に気をつかって、王政復古以前には木馬で訓練していた明治天皇が、ようやく生きた馬に乗れるようになりご満悦であった、というのである。

嘉永《かえい》五（一八五二）年九月二十二日生まれの明治天皇が満十五歳のときである。ちょうど一八六八年八月から九月にかけて、明治改元のただ中での馬事訓練模様ということになろうか。

明治天皇の馬術の上達はことのほか早く、明治初期からしばしば騎馬による行幸があった。当時の稽古は大坪流、草刈流といった和流馬術だったが、天皇はほどなくこれを習得し、明治十二（一八七九）年以降、フランス式の西洋馬術に切り替えられた。それでもご料馬はすべて国産馬で、外国産馬に乗ることはなかった。

この頃までに明治天皇の馬術の腕前は相当なレベルまで上達しており、ご料馬は国産馬でも、馬術は和洋折衷。独自の工夫を凝《こ》らした乗り方を会得していたという。

名馬「金華山号」

明治九（一八七六）年六月、明治天皇は奥羽地方の巡幸に向かった。明治維新に際し、奥羽諸藩の多くは最後まで官軍と戦い、その後は賊軍としての悲哀を味わっていた。明治天皇の巡幸は、そうした軋轢《あつれき》の解消、国内の平定を願ってのことであるが、各藩は農民まで総出で歓迎の祭りや豊年踊りで天皇を迎えた。

東京都新宿区の神宮外苑にある聖徳《せいとく》記念絵画館には、このときの模様を描いた壁画が残されている。「奥羽巡幸馬匹御覧」と記された絵は、天皇が岩手県の盛岡八幡宮に立ち寄り、県産の四、五百頭もの馬の行列をご覧になった時のものだ。

実はこの巡幸で天皇は一頭の栗毛に目が止まり、調教のうえで御料馬として買い上げられた。その南部馬は明治二（一八六九）年、宮城県の鳴子《なるこ》町で生まれ、やがて岩手県水沢市の寺で「起漲《きちょう》」との名で飼われていたところ、巡幸の天覧馬列に加えられたものだった。

「起漲」は東京へ来て、「金華山」と命名された。当時の南部馬だからけっして大きくはない。記録によると、体高四尺八寸（百四十五・四センチ）とある。

誰もまだ大型馬を知らない時代なので、標準の百三十五センチを大きく超えていた「起漲」は、明治天皇にはさぞ大きくて立派な体格に見えたのではないか。事実、骨格のバランスもよく、颯爽《さっそう》とした名馬だったことは間違いない。

明治天皇は生涯に十万首の和歌を詠んだといわれるが、なかから「金華山」にちなんだと思われる御製《ぎょせい》が二首残されているので、紹介しておきたい（佐佐木信綱『明治天皇御集謹解』)。

のる人の心をはやく知る駒はものいふよりもあはれなりけり

馬は御する人の心を直ちに悟るが、言葉が通じないだけ哀れと思う。

ひさしくもわが飼ふ駒の老いゆくがをしきは人にかはらざりけり

御料牧場の老い衰えた馬に、人間と同じ哀惜《あいせき》の情を寄せたもの。

やや誇張した美談に仕立てられた感なきにしもあらずだが、「金華山」には次のような逸話が残されている。

▽ご乗馬のために天皇が厩へ近づくと、「金華山」は常に敬礼の姿勢で待っていた。

▽北陸巡幸の際に谷川に架かる橋のたもとに来ると、「金華山」は止まったまま動こうとしない。警官が調べたところ、橋の板に朽木《くちき》があって落ちる寸前だった。慌てて処理をしたら、「金華山」は安心して渡った。

こうみてくると「金華山」は性格温順そうにみえるが、どうしてどうしてそう簡単に乗りこなせる馬ではなかった、と馬術家・遊佐幸平は証言している。

遊佐は靖國神社の戦没馬慰霊像の建立《こんりゅう》にもひと役買った稀代の馬術名人であると同時に、ユーモアに溢れた人格から、多くの人に一目置かれた人物だ。八十年余の生涯を通じて、明治、大正、昭和、明仁皇太子（今上天皇）と四代の天皇家から親しまれたことでも名が残る。その遊佐が言う。

「明治大帝の馬の御指南役は、仙台藩の浪人草刈又七郎の弟子で、目賀田雅周《めがたまさかね》という馬術家であった。この目賀田先生が調教された御料馬に『金華山』という馬がいた。目賀田先生と陛下がお乗りになる時はまことにおとなしいよい馬である。観兵式の時などは何時間でも、蠅が止まろうが、虻《あぶ》が射そうが微動だにしなかったといわれ、陛下は大変御寵愛《ちょうあい》されたといわれる。ところがこの馬に、一たび他人が乗ると、忽《たちま》ちにして悍馬《かんば》となり、始末に負えなくなるという不思議な馬だった」（『馬狂放談』）

明治二十八（一八九五）年六月、「金華山」は馬としては長寿の二十六歳で永眠した。馬の年齢は人間の約四倍として計算するので、人でいうなら百歳まで生きたことになる。

その間、明治十三（一八八〇）年の三重、愛知、京都への巡幸から、明治二十六（一八九三）年の陸軍戸山学校への行幸まで、公式行事だけでも百三十回も務めを果たしている。その後、「金華山」は明治天皇の下命によって剝製《にくせい》とされ、現在では神宮外苑の聖徳記念絵画館に安置保存されている。

明治天皇自身が、そして陸軍が身をもって国産馬では外地で戦えないと知るのは、それから数年経ってのことである。

明治三十三（一九〇〇）年の義和団事件への派兵に始まって明治三十八（一九〇五）年の日露戦争に至るまで、わが軍の馬は世界から嘲笑《ちょうしょう》された。「日本軍は馬のような恰好をした猛獣を使用している」と。

そこで明治三十七（一九〇四）年四月七日、明治天皇は勅諚《ちょくじょう》を下し、馬匹改良の大号令を下したのだった。これにより、「富国強馬」政策が開始されることとなる。

人ならば誉《ほまれ》のしるし授けまし軍《いくさ》の場《にわ》に立ちし荒駒《あらこま》

明治天皇の御製のなかから、とりわけ魂《たましい》の荒ぶりを感じさせる一首をもって終わり、殉死した乃木希典《のぎまれすけ》の話題に移ろう。

ステッセルの馬

日露戦争におけるロシア軍の降伏は、明治三十八（一九〇五）年一月一日だった。同五日、ロシア軍のアナトーリイ・ステッセル（ステッセリとも）中将と日本軍の乃木希典大将が、水師営《すいしえい》の農家で会見した。のちに歌にまで歌われた「水師営の会見」である。この会見で、乃木は敵の将軍ステッセルに帯剣を許し、敵ながら武人としての名誉を重んじたという逸話はよく知られたところだ。

四十年を遡《さかのぼ》る一八六五年、南北戦争で敗北した南軍大統領ディヴィスが鉄の足枷《あしかせ》をはめられたまま北軍将軍の前に引き出された話を、乃木は聞き知っていたであろうか。いずれにせよ、この礼遇に感動したステッセルが、自分の愛馬を乃木に贈呈したことはあまり知られていない。ステッセルの馬はアラブ系の牡でこのとき十歳、よく訓練された葦毛《あしげ》だった。白馬系は目立つため戦場ではめったに使われないが、シベリアなどでは白いほうが目立たなかったからとも考えられる。

このときは左前脚に小さな傷痕があったが、戦線巡察中に日本軍の砲弾破片による擦過傷を受けたもので、数カ月後には完治したという。性格は温順で、戦場の銃声にも驚かない名馬といわれ、乃木は第三軍で貰い受けた。

やがて凱旋大観兵式でこの馬に騎乗した乃木は、噂にたがわぬ名馬と分かり、軍から払い下げを受けて自馬とした。名前をステッセルのスから「寿号《すごう》」と命名し、赤坂の自邸で飼育していた。

乃木はこれまでにも多くの馬を自馬として活用していた。「轟号」「英号」「殿号」「雷号」などがいたが、最晩年に出会ったのが「寿号」で、それだけ情が移ったのかもしれない。当時、陸軍では戦場から戦利品として持ち帰ったロシア産馬の牡馬から優良馬を選んで、種付け馬として活用していた。乃木もやがて「寿号」の年齢を考え、軍と相談のうえ、明治三十九年十二月、馬匹改良に熱心だった鳥取県東伯郡赤碕町（現琴浦町）の佐伯牧場に預けている。

佐伯牧場では種付け馬として九年間貢献し、約八十頭の親になって品種改良に貢献したという。町役場には、乃木直筆の「寿号略伝」が残されていた。

「性質極メテ順良、戦場ニ於ル爆響喊声《かんせい》ニ驚セス、飛越モ躊躇ノ状ナシ故ニ多クハ戦闘間ニ乗用セリ、帰朝後更ニ払下ヲ受ケ——飼育セル馬ナリ」（『赤碕町史』）

乃木は「寿号」会いたさにこっそり身分を隠して赤碕町を訪れ、佐伯牧場で面会し周囲をあわてさせた、とのエピソードが残っている（土井全二郎『軍馬の戦争』）。

乃木はその後、明治四十（一九〇七）年、軍事参議官を兼務のまま学習院の院長に就任し、明治四十一年に迪宮裕仁《みちのみやひろひと》親王（のちの昭和天皇）が入学すると、その教育に力を注いだ。勤勉と質素が基本で、乃木式教育方針として後世に語り継がれるが、昭和天皇自身も自分の人格形成に最も影響があった人物として乃木の名を挙げている（岡田幹彦『乃木希典―高貴なる明治』など）。

明治四十五年七月三十日、明治天皇が崩御《ほうぎょ》すると、乃木は妻・静子とともに自邸で自刃《じじん》、殉死の道を選んでみまかった。

乃木没後の大正四（一九一五）年、「寿号」は佐伯牧場から島根県隠岐島《おきのしま》の海士町《あまちょう》に引き取られる。同町の旧家・村上寿夫《ひさお》宅で種牡馬として晩年を過ごした「寿号」

は、四年間に約六十頭余りの父親となった、と『赤碕町史』に記されている。

多くの種付けをして「富国強馬」に貢献した「寿号」は大正八（一九一九）年、隠岐島で二十三年の生涯を閉じた。人間なら八十代後半の長寿である。

隠岐島は歴史の古い島である。縄文早期の石器や土器が発掘されているうえ、かつて天皇が流された流刑《るけい》の地としても知られる。第八十二代・後鳥羽《ごとば》上皇、第九十六代・後醍醐《ごだいご》天皇が流刑に遭った。

とりわけ後醍醐天皇は、隠岐から解かれたのち南朝（明治以降は正統とされている）を興すことになる。天皇家とのゆかりが偲《しの》ばれる地で寿号が最期を迎えたという話も、感慨深いものがある。

「寿号」に跨る乃木希典（『軍馬の戦争』より）

Ⅱ．大正天皇、馬への執着

ご病弱でも馬に

明治十二（一八七九）年八月三十一日、東京・青山御所内の御産

所で男子が生まれた。母親の名は柳原愛子《やなぎわらなるこ》といい、明治天皇の側室（権典侍《ごんてんじ》）である。

その男子は明宮《はるのみや》嘉仁《よしひと》親王と命名され、明治二十二（一八八九）年には若年ながら皇太子となり、立太子礼を挙げた。

明治四十五（一九一二）年七月三十日、明治天皇の崩御《ほうぎょ》を受けて践祚《せんそ》し、大正天皇となる（即位の礼は三年後の大正四年）が、大正天皇四十七年の生涯は、まことに波瀾万丈と言わざるを得なかった。明治天皇の子女は、嘉仁親王を含めて全部で十五名いた。ところが皇后・美子《はるこ》（のちの昭憲皇太后《しょうけんこうたいごう》）との間に子はなく、側室との間に十五人生まれていて、成人したのは五人だけだった。そのうち男子は嘉仁親王のみという、皇統断絶の際《きわ》に立ちながら生まれ育った男子だった。

その嘉仁親王が幼少のときから脳の病に罹《かか》っていたことは、やがて国民の知るところとなる。大正時代が、必ずしも安定した時代とはなり得なかった素因のひとつは、基底に天皇のご不例（病気）があったことは否めないだろう。

だが、健康な時期の天皇は和歌や乗馬を能《よ》くし、とりわけ馬に関しては秀逸な鑑識眼を発揮して、周囲の者を感嘆させる逸話が多く残されている。詩歌《しいか》の才も馬を見る目も明治天皇から受け継いだ血筋でもあろうが、病弱な体軀にもかかわらず、ひときわ抜きん出た感性を見せた馬への執着ぶりは特筆されるべきだろう。

大正天皇と馬とのかかわりを見る前に、まず天皇の病状を確認しておこう。

国民一般が天皇の病が並々ならぬ深刻なものだと知るのは、大正十（一九二一）年九月から同年十一月まで何回かに及んだ新聞発表による。

初めは脳の病気について具体的には触れず、国民を動揺させないレベルで公表していた。ところが、大正十年二月から新たに宮内大臣に就任した牧野《まきの》伸顕《のぶあき》（大正十四年三月より内大臣）は、時の首相・原敬《はらたけし》に「真相を国民に知らせるべきで、そもそもご幼少期からの『御脳』に由来する」と公表するように迫っていた。この秋になされた宮内省の新聞発表は、ことのほか厳しい内容である。二例ほど引いておこう。

馬上の大正天皇（『皇室皇族聖鑑』より）

「陛下は御幼少の時、脳膜炎様の疾患に罹らせられ、且《かつ》御成長の時期より御成年後に

於ても屢々《しばしば》御大患を御経過遊ばされ――」（『東京朝日新聞』大正十年十月五日）

「天皇陛下は御降誕間もなく脳膜炎様の御大患に罹らせられ、其の後常に御病患多く――腸加答児《かたる》、気管支加答児、百日咳、腸チブス、胸膜炎等諸種の御悩みあらせられ――御姿勢は端正を欠き、御歩行は安定ならず、御言語には渋滞を来《きた》す様ならせられたり」（『東京朝日新聞』大正十年十一月二十六日／抄出）

ここまで書くか、という病状説明ぶりに驚くほどである。実は発表がなされたこの十一月二十五日は、皇太子・裕仁親王（のちの昭和天皇）の摂政《せっしょう》就任の日と重なっていた。

牧野としては、一日も早く皇太子を摂政に就《つ》かせ、安定した皇室運営を図る必要性を感じていたのだろう。そのためには、国民が「これではやむを得ない」と思える「ご不例」発表が欠かせない、という事情があったと推察される。

実は漢方医の浅田宗伯《あさだそうはく》という医師が、かつて幼少期の天皇（明宮嘉仁親王）の診察をしており、宮内省御用掛《ごようがかり》に診断書が提出されていた。そのとき、すでに脳膜炎を疑わせる十分な症状が記されていて、宮中関係者間では公然の秘密となっていたのだ。医師・宗伯の診断書には、明宮嘉仁親王を診察したのが明治十三（一八八〇）年八月と記されている。ほぼ満一歳時の診断は次のとおりだった。

「（ご生誕の）翌年八月に至り、時々吐乳或《あるい》は痰水を吐き、飲食相減し、夜間睡中嘆息あり、之を奉診するに胸骨妨満し、顋門《ひよめき》突起、解顱《かいろ》状を現し、頭上一面赤色になり、或は額上時あつて紫黯《しあん》色を帯ひ、気《き》宇《う》鬱塞《うつそく》の候有之《これあり》、余以為《おもえら》く胎毒上攻油断すへからず――」（赤沼金三郎『浅田宗伯翁伝』上巻／抄出）

ざっと目通ししただけでも、容態はかなり深刻だと分かる。顋門とは、幼児の頭蓋骨がまだ完全に縫合し終わらないときに、脈拍につれて動いて見える前頭、および後頭の一部を指す。解顱状とは、頭蓋骨が安定せずに隆起したりする様子を指すものと思われる。紫黯とは気が滅入《めい》るほど暗い色を意味するが、こうした診断書を見せられた宮内省は、いわゆる脳膜炎を患《わずら》われていると判断したのだろう。

宮内省御用掛が大正十年に新聞発表させた文面に「天皇陛下は御降誕間もなく脳膜炎様の御大患に罹らせられ」とした裏には、浅田宗伯の診断書があったからと考えられている。

馬術が唯一最大の特技

学習院に進学した嘉仁親王は、表面的には順調な進級をしていたが、初等科五年生をもって修了となった。その原因は、腸チフスに罹るなど常に安定性を欠く健康状態によるストレスのためと思われた。途中休学して中等科に進学するものの、いっそう難しい学課と多くの授業時間が待っており、対応しかねた皇太子は、中等科一年を修了した時点で再び中退を決意する。

だが、学業成績報告には他の学課はともかくも、「御読書、御馬術は著しく御進歩被遊《あそばされ》」との奥保鞏《おくやすかた》東宮大夫の報告書（『徳大寺実則日記』）がある。さまざまな点で適性を欠く皇太子にとって、馬術が唯一最大の特技とされていたことが分かる。今日風に言えば、「心の逃げ場」が詩歌と馬だったと言えようか。

嘉仁親王の容態は、皇太子になった頃からはいったん恢復《かいふく》し、さらに節子《さだこ》妃と結婚してからしばらくの間は見違えるほど健康を取り戻していた。だがそれは、大正八、九年までのことである。

大正十（一九二一）年秋になると再び天皇の病が深刻化していたことは、先の新聞発表どおりであった。宮中・政界首脳間では、摂政問題が急浮上していた。

十年十一月二十二日、ついに宮内大臣・牧野伸顕が皇太子の摂政就任の勅許《ちょっきょ》を請うために参上する。牧野の日記から、天皇の深刻な病状を窺ってみよう。

「帰途内府（引用者注・平田東助内大臣）を訪ひ登城を依頼し、同伴聖上へ拝謁。内府より、御容態捗々《はかばか》しからず、此上は尚一層御静養を必要とするに付政務は皇太子殿下、摂政として御代理遊ばさるゝ事とし、今後は何等御煩ひ不被在《あらざりて》、御気儘に御静養遊ばさるゝ様願上度し、而《しこう》して幸ひ御恢復被為在る時は元の如く御親裁遊ばさるゝ次第なり――、誠に恐懼《きょうく》限りなき事ながら此段申上御許を願ひ奉る旨言上に及びたるに、聖上陛下には唯々アー〳〵と切り目〳〵に仰せられ御点頭遊ばされたり。――事如何にも重大なるに付――念を押し奉伺したるに、矢張りアー〳〵と御点頭せられたり」（『牧野伸顕日記』）

事態は急を要するため、この際、皇太子に摂政をお願いしたいと再三言上《ごんじょう》した内大臣と宮内大臣を前に、大正天皇はただ「アーアー」と点頭するだけ、つまり首を振る所作を繰り返すだけだった、と牧野は書いている。

また、侍従武官として大正六（一九一七）年二月から天皇の傍に仕えた四竈孝輔《しかまこうすけ》（当時・海軍少将）が残した日記を繰ると、天皇の憔悴ぶりが痛々しくも畏《おそ》れ多いと記す回数が、大正八年以降、かなり増えている。一例に過ぎないが、天皇の難儀な体調を思わせる個所が目にとまる（抄出）。

「（大正十一年）四月二十七日（木）

自動車の御乗殊に御難儀なりし由にて——

御車寄せにて自動車よりの御下車も侍従三名にて御扶助申上げしと承るは以て恐懼に堪へざる仕合なり」（『侍従武官日記』）

「四月二十八日（金）

午前八時半出勤。出御時拝謁を給はり、種々

御言葉を頂戴す。甚《はなは》だしく御憔悴の竜顔を拝し奉り、恐懼措《お》く所を知らず。玉体は従来未だ曽《かつ》て拝したりことなき程左方に御屈曲あらせられ、御起立あらせらるゝさ

え御難儀の程なり」（同前掲書）

乗馬はもはや望むべくもなかったが、実は大正七年夏あたりの日記から、すでに「乗馬の際の御姿勢整はせ給はず」という記述が目につくようになっていた。

大正天皇が愛《め》でた馬

ところが、幼い時分の嘉仁親王と馬を繋《つな》ぐエピソードにはこと欠かない。幼児期から少年皇太子として立太子礼を済ませた十六、七歳頃までは毎日、乗馬訓練に勤しんでいたとされ、次のような逸話が残されている。

「御乗馬に就《つい》ては、初め自動馬乗の御玩具を殊の外好ませられ、弥々《いよいよ》御長じあそばされるにつれ実馬に召され、青山御所の御馬場にて、根村車馬監、木村調馬師相次で御相手申上げ、明治二十九年より男爵名和《なわ》長憲《ながのり》氏が御指南申上げたが、御巧妙なること天稟《てんぴん》とも申すべき程に拝されたのであつた」（『皇室皇族聖鑑』大正篇）

明治二十九（一八九六）年とは、嘉仁親王が満十七歳になった年である。健康状態がもっとも安定していた時期だったとも考えられる。「自動馬乗の御玩具」は実物の馬になった。馬術の上達も早く、「天稟とも申すべき」、つまり生まれつき天与の才有りと拝した周囲の満悦ぶりまでうかがえる。

やがて侍従武官などが乗っている馬が気になり始め、「良い馬はないか」とのご下命があった。東宮侍従たちによる馬探しが始まる。

「御年齢、御身長にふさはしき、バンコックと呼べるシャム産の小馬を御召にあてさせられ、御稽古あそばされ——その後悍馬《かんば》を容易に御し給ひ、駿馬《しゅんめ》も多く御飼育あそばされたが、中でも明治四十四年一月から大正十年十一月まで、御愛乗の光栄を担つた『朝千鳥』号は最も知られ、明治三十九年下総《しもうさ》の御料牧場で生まれたハクニー雑種の牡で黒鹿毛《かげ》、身長四尺八寸五分の名馬であつた」（同前掲書）

「朝千鳥」と並んで大正天皇が愛でた馬には「藤園《ふじぞの》」があり、陸軍演習統裁などに際して、しばしば騎乗している。

馬は乗る人をよく見る、と言われる。

「蹴る馬も乗り手しだい」と古来言われるが、大正天皇の生来天衣無縫に見える性格が、荒れ馬も御《ぎょ》したと見るべきだろう。馬から見ても気が合う、いや「馬が合って」いたといってもいいくらい、乗馬の才能には恵まれていた。

心身に病をもつ嘉仁親王にとって、これは自信にも繋がる救いとなったであろう。

「朝千鳥」が大正十年十一月まででお勤め終わりとなったのは、天皇のご不例が重《じゅう》篤《とく》となった先の新聞発表時と重なっている。その後、「朝千鳥」は、伊勢神宮の神馬《じんめ》として余生を送り、代わって「藤園」が御料馬となった。

馬への愛着と鑑識眼

践祚《せんそ》して天皇となった大正元年十一月五日、桃山陵への行幸があった。供奉《ぐぶ》した原敬は天皇に車中召されて、しばしの間、「御物語」のお相手を務めていた。原は明治四十四（一九一一）年八月に西園寺公望《さいおんじきんもち》内閣の内務大臣に就任し、鉄道院総裁を兼務という立場である。以下、原の日記から見てみよう。

「(十一月)六日　午前七時御出発、十一時桃山着御、午後五時名古屋着御、――汽車中午前にも午後にも御召ありて種々の御物語あり、其内に御馬の御話ありしに因に先年皇太子殿下の御時に福島にて天覧に供したる馬の御鑑識には一同恐懼《きようく》せし事を余より申上げたり」(『原敬日記』3)

皇太子時代の福島巡啓とは、明治四十一年九月十三日あたりのことかと思われる。この日、嘉仁皇太子はたしかに東北各地を巡啓したあと、福島市の馬匹陳列場を見学している。福島産の二歳馬などを中心に、かなりの数の馬をご覧に入れたのだろう。皇太子はその数多い馬の優劣などを専門的に指摘し、周囲の者を驚かせたものと思われる。「馬の御鑑識眼には一同恐懼せし」ことだったのだろう。

践祚して最初の大元帥としての大演習行幸は、桃山から還御《かんぎよ》して間もない十一月十五日、埼玉県の川越、所沢で始まった。この日の馬上姿の天皇の写真が翌朝の新聞で発表され、国民の目に届いたのは画期的であった。

先帝・明治天皇の時代には、大演習の場で写真撮影がたとえ行なわれたとしても、それが新聞に掲載されることはあり得なかった。

あくまでも国民は、明治二十一（一八八八）年にイタリア人画家のキヨッソーネが描いた肖像画による「御真影《ごしんえい》」をもって知るしかなかったのだ。この時の大正天皇の写真は、皇太子時代を除けば天皇の写真公開第一号ではなかろうか。それから数年間の陸軍大演習天覧や天長節観兵式はほぼ安定した状態で騎乗され、馬への特別な関心も寄せていた。原敬の日記から、再びさわりの個所を拾ってみたい。

「（大正二年）十一月十四日
午後三時頃御還御の途に就かせられ四時名古屋着後に付同所にて拝別し、―汽車中に於て陛下は―岩手より御買上相成りたる御馬の事に付再び御物語あり」（同前掲書）

天皇は岩手から買い上げた馬のことが気になって、しきりに話しかけられたようである。

「（同年）十一月十六日
又車中にて拝謁せしとき、今回御買上の御馬の事に付御物語りあり、東京還御の後

天覧の筈にて目下地方より御召し寄中なりとの御沙汰あり」（同前掲書）

岩手よりお買い上げの馬の話を原に聞かせた天皇は、さらに目下取り寄せ中で、東京へ戻ると買い付けた馬に会えると仰せがあった、と原は記している。いかに馬への愛着が強い天皇だったかがうかがえよう。

このあと、大正六年秋の大演習までは元気な姿を見せていた大正天皇に変化が現われ始めたのは、七年夏あたりからである。十一月に栃木県で行なわれた大演習の場で、やや左側の脚の挙措《きよそ》がおかしいのが傍目《はため》にも分かるようになった。大正八（一九一九）年八月、侍従武官の四竈孝輔《しかまこうすけ》は、天皇が目に見えて衰弱しつつある模様を次のように記している。

「八月六日　聖上御気色は何時もに変り給はざるも、御体力は何処と云ふに非ざるも稍々《やや》御衰退あらせられたるに非ずやと拝察奉る点なきに非ず。時々御言葉の明瞭を欠くことあるが如きは、近来漸《ようや》く其の度を御増進あらせられたるには非ずやと拝し奉るも畏れ多き極みなり」（『侍従武官日記』）

大正十年十一月の関西での陸軍大演習は、皇太子が統監代行を務めることとなった。やがて大正天皇は、こと志と違って乗馬の機会を失うこととなるのだ。

幼き日の乗馬稽古

日清・日露両戦争では、専横的な覇権主義に抗して明治天皇は宣戦の詔勅《しょうちょく》を発し、ともに勝利を収めた。偉業のあとを継いだ大正天皇は、おそらく気苦労が多かったのではないかと推察される。なにより誕生以来、病弱のため、皇太子時代から大正初期までの一時期を除いては、天皇の精神状態について尾ひれがついた噂が絶えることがなかった。だが大正天皇は、詩作に抜きん出た個性を発揮する一方で、馬術への感性も極めて旺盛だったことが記録されている。

昭和天皇は、馬に情熱を傾けた先帝二代を目《ま》の当たりにしながら成長したという点で、稀有《けう》な経験を積んだ天皇である。

だが、戦前における現人神《あらひとがみ》たる大元帥と、戦後の〝象徴天皇〟という大きな亀裂の狭間で過ごされた時期の苦悩もまた並大抵ではなかった。

したがって、昭和天皇の騎乗も、戦前と戦後ではまったく違う相貌《そうぼう》を表わしていると考えなければならない。戦前の騎乗は大元帥たる威厳であり、戦後におけるわずかな騎乗例は、記念撮影で見せるあの笑顔だった。

昭和天皇は多くの資料が示すように、ゴルフなどを除けば運動のほうはやや苦手だった。「幼いときから色々やらされたが、何ひとつ身につくものはなかった」とのお言葉が残されている。もちろんこれはやや謙遜としても、運動より動植物など生物学研究のほうに趣向は向いておられた。

けれども、運動は苦手とおっしゃりながら、古式泳法（熊本小堀流）による水泳も極め、そしてなによりも馬術の技量を上げるためには格別の訓練を重ね上げた。幼児期に、東宮侍従らを相手に相撲を取っている有名な写真が残されている。将来の陸海軍大元帥として不可欠な心身を鍛える宿命を負っていたからでもあろう。陸軍なら馬術、海軍なら水泳の習得が必然的に要求された時代でもあった。軍事的な遊具に触れ、軍艦に試乗し、そしてなによりも乗馬への関心を高める遊びが工夫された。

明治四十（一九〇七）年になると、弟の雍仁《やすひと》親王（のちの秩父宮《ちちぶのみや》）、宣仁《のぶひと》親王（のちの高松宮《たかまつのみや》）としばしば鉄砲の玩具などを使って戦事《いくさごと》（戦争ごっこ）に興じる。折しも日清・日露戦役勝利後の時代風潮を受けてのことだろうか、幼少年期に使った玩具や遊びには、木馬、兵隊人形、軍艦や乗馬軍人の人形などが多く見られた。

昭和天皇が生まれてまもなく両親の元を離れ、三歳まで川村純義《かわむらすみよし》伯爵（没後、海軍大将に進級）邸で養育されたことはよく知られている。さらに川村提督没後は、青山離宮（現赤坂御用地に包括される）の皇孫仮御殿に移り、大正五年までの十一年間、養育掛・足立《あだち》たか（のちの侍従長、首相・鈴木貫太郎《すずきかんたろう》の後添え）に育てられ、母のように慕ったのだった。その足立たかの回想記にも、木馬の話が出てくる。

「明治帝は、どうしても将来は乗馬する機会が多いからと、大きな木馬をお二方（皇孫さまと淳宮《あつのみや》＝のちの秩父宮）さまに進ぜられました。皇孫さまは、よくその木馬へお乗りに

ご幼少期に乗馬訓練をされる昭和天皇（『別冊一億人の昭和史』より）

なってお遊びになりました」（鈴木孝『天皇・運命の誕生』）

昭和天皇が皇太子時代からいかに馬術訓練に時間を割いていたかは、『昭和天皇実録』（平成二十六年九月宮内庁書陵《しょりょう》部発表、東京書籍刊行中。以後、『実録』と記す）を追ってみればある程度、うかがえる。

明治三十四（一九〇一）年四月二十九日に誕生したとき、父の嘉仁親王（のちの大正天皇）が皇太子で、明治天皇が祖父として健在だった。つまり、迪宮裕仁親王として生まれてから約十一年間は、皇孫として育ったのである。

満六歳になった裕仁親王は明治四十（一九〇七）年六月十六日、初めて東宮御所（東京市赤坂区青山）へ伺って、両親である皇太子・同妃（のちの大正天皇と貞明皇后）とお揃いの会食をしている。これが両親との生まれて初めての会食だった。学習院初等科入学の一年前だ。

伊藤博文が献上した朝鮮馬

続いて六月二十三日、今度は皇太子・同妃が皇孫仮御殿にお成りとなった。健康を取り戻していた皇太子は、裕仁親王と雍仁親王を交替で御料馬の背に乗せた、と『実録』には記されている。これが初めて昭和天皇が馬に乗った日である。

とはいっても父宮の手で馬の背に乗せられただけで、乗馬のうちには入らない。馬に乗ったといえるのはそれから三カ月後、九月十四日を待つ。

この日、初代韓国統監となった伊藤博文から小型の朝鮮馬が皇太子に献上され、皇孫お二方、裕仁親王と雍仁親王が試乗の機会を得た。

「九月十四日　午後二時半皇太子が、四時よりは皇太子妃が御参殿につき、（裕仁親王と）ご一緒に過ごされる。韓国統監伊藤博文より皇太子に献上の朝鮮馬三頭が、皇太子の御沙汰により前庭に牽《ひ》き入れられ、親王、雍仁親王共に二回ずつ御試乗になる」（『実録』）

だが、これはまだあくまで試乗に過ぎず、乗馬とはほど遠いレベルだった。

「正式に乗馬と言えるのは十月二十日、この朝鮮馬に新たな鞍《くら》を据え、『隠岐島』号と命名された馬に乗ったのをもって嚆矢《こうし》とされる」と、『実録』から重要事項を抜粋して注解作業を試みた皇室史研究家、小田部雄次《おたべゆうじ》静岡福祉大学教授は述べている（『昭和天皇実録評解』）。

翌明治四十一（一九〇八）年四月十一日は、学習院初等科始業式だった。院長は乃木希典だが、「勤勉と質素を重んじるように」と厳しく教えられた乃木とは、四年の付き合いで永遠の別れとなる。だが、乃木の馬への思いは確実に引き継がれた。学習院へ進んでから、裕仁親王の乗馬訓練の時間は確実に増え始めたのである。

九月十二日、主馬寮《しゆめりよう》において御料馬「会寧《かいねい》」で馬術訓練、さらに二十一日、十月十二日にも同様の記述が見える。

いずれも学習院から帰った午後、宮城内馬場での乗馬である。当時の宮城の馬場は文字どおり、現在の馬場先門に近い濠の内側にあった。厩舎《きゆうしや》がその奥に並び、雨天の際に使う覆馬場《おおいばば》が馬場先門よりやや平川門寄りに用意されていた。

裕仁親王が十歳から十一歳になる頃には、調馬師三名に前後を付き添われながらも、「会寧」をかなり乗りこなせるようになった。乗馬稽古の初歩ではあるが、まず並足を二十分訓練している。並足とは常歩《じょうほ》のこと、段階的に速歩《そくほ》、駆歩《くほ》（ギャロップ）、そして最大速力の襲歩《しゅうほ》へとレベルが上がる。

明治末から大正にかけて、「会寧」のほか「宝来《ほうらい》」「ハクツ」「立花《たちばな》」「第二十三号ホーレストビュー」など多くの御料馬騎乗を試しているが、「会寧」に乗る回数が一番多い。大正天皇の践祚（明治四十五年七月三十日）に伴い、裕仁親王は皇太子となった。大正二年には、これまでの皇孫仮御殿から高輪の東宮御所へ移転され、以後、結婚までの間を高輪御殿（のちに高松宮邸）で過ごす。

その時代のことだろうか、町中で目撃された皇太子の乗馬散歩姿の模様を、櫻内義雄（元衆議院議長）は次のように記している。


「昭和天皇が皇太子であられた頃の東宮御所は東京高輪にあり、裏門は魚籃坂《ぎょらんざか》にあって――皇太子殿下は三田の有馬ヶ原へ乗馬姿颯爽《さつそう》としばしば散策にお出ました。三田綱町に慶応幼稚舎があり、脇の大きな坂を上ると有馬ヶ原で、そこへ行かれる皇太子殿下を幼稚舎生の私共が校門へ出て万歳万歳とお迎えしたものです」（出雲井晶『昭和天皇』より）

十五歳になると並足、速歩のほかに巻乗《まきのり》、輪乗《わのり》の訓練も加わり、東宮武官から乗馬姿勢についての指導も種々行なわれたとある。直径十メートル以下の輪線上を走るのが巻乗、十メートル以上を輪乗という。裕仁皇太子には、ややもするといわゆる猫背気味となる癖があったので、背筋を伸ばすよう指導があったと言われている。

関東大震災の視察

いよいよ、関東大震災に襲われた大正十二（一九二三）年である。すでに父宮に代わって摂政を務め（大正十年）、久邇宮良子《くにのみやながこ》女王との結婚の勅許が裁可された（裁可したのは摂政自身）翌年であった。これより前の大正十一年七月十八日から二十一日にかけて、皇太子は北海道各地行啓《ぎょうけい》の途上で広大な牧場に遊び、多くの乗馬体験を積んでいる。その一端を『実録』から拾ってみよう。

「（大正十一年）七月十八日　釧路駅を御発車になり、白糠《しらぬか》仮乗降場を経て軍馬補充部釧路支部に行啓される。それより放牧馬及び放牧地などを展望され、馬誘導運動、農事作業等を御覧になり、厩舎にて飼付《えづけ》の様子を御覧になる。

釧路畜産組合長の説明を聴取され、競り市の様子を御覧の後、放牧場の馬三千五百余頭を御覧になる。濃霧多く湿潤な気候にもかかわらず、かかる良馬を産する理由を御下問になる（抄出）」

「（同年）七月二十一日　（新冠《にいかつぷ》牧場内御宿泊の翌朝）御乗馬にて牧場内を御巡視になる。まず種馬厩舎にて下馬され厩舎内を御巡覧の後、馬見所においてサラブレッド始め各種種馬を御覧になる。

ついで洋種牝馬《ひんば》厩舎内を巡視され、舎内の牝馬を舎前に放牧せしめ御覧になる。次に競馬場においてアイヌによる子供競馬・鞍競馬・立乗競馬・少女競馬を御覧になる（抄出）」


震災四カ月前の十二年五月は、摂政としての過密なスケジュールの合間を縫って、乗馬技術向上を急ぐための猛訓練に励んでいた。陸軍佐官以上の馬術を吹上馬場（馬場というよりミニ競馬場で、吹上御所傍に明治天皇が作った）で見学したり、障碍物《しようがい》に擬《ぎ》した横木を置いて馬で通過するなどの訓練である。こうした弛《たゆ》まぬ馬術訓練を積んできた矢先に起きたのが、関東大震災だった。大正十二年九月一日、巨大地震が発生し、宮城で執務中の皇太子はいったん前庭に避難。その後は避難場所を赤坂離宮内広芝茶屋に移し、山本権兵衛内閣の親任式など次々に政務の指揮を執っている。

戒厳令が発令され、摂政による災害状況視察が急がれたものの、皇太子が酸鼻《さんび》を極める現場へ出御《しゅつぎょ》することを危惧する意見もあったが、ようやく十五日、十八日の視察が決定された。

「十五日　午前六時、御乗馬にて赤坂離宮御出門。摂政として被災地を御視察になる。侍従武官長奈良武次他騎馬にて供奉。九段坂上にて暫時《ざんじ》御展望になる。七時五分上野公園にお成りになる。同公園において近衛師団長森岡守成《もりしげ》、東京市長永田秀次郎、内務大臣後藤新平、警視総監湯浅倉平等の状況説明を御聴取になる。傷病者の状態、被服器具給与等につき御下問。半蔵門より麴町通、四谷見附を経て、八時四十五分赤坂離宮に還啓される」（『実録』／抄出）

「十八日　第二回摂政御視察。自動車にて赤坂離宮を御出門。万世橋を渡り上野駅に御到着になる。それより山吹号に御乗馬になり、佐久間町、浅草七軒町を経て厩橋《うまやばし》に至り、被服廠《ひふくしよう》を通過して両国駅に御到着。

陸軍大臣田中義一らから罹災《りさい》当時の状況をお聞きになる。再び御乗馬になり森下町を経て、岩崎庭園角において第一師団長石光真臣《いしみつまおみ》らより御聴取。銀座通を経て新橋を渡り、赤坂見附紀尾井坂を上り、赤坂離宮に還啓される―（同前掲書／抄出）

十五日は馬名が記されていないが、十八日は「山吹」とある。この当時、摂政宮は古参の「山吹」にしばしば騎乗していた。十五歳くらいにはなる黒鹿毛で、御料馬のなかでも非常に性格温順だったことから、大震災跡地の視察に選ばれたのだろう。十五日も「山吹」か。

「天皇の馬」探しに渡欧

それから二カ月ほど経った十一月七日、皇太子のもとに新たな御料馬「初緑《はつみどり》」がやって来た。訓練の行き届いた豪州産馬で、大正末から昭和五年まで主力馬として活躍した。

「七日　覆馬場にて御乗馬を行われ、この日はじめて初緑号にお乗りになる。初緑号は豪洲産黒毛の元陸軍騎兵学校校馬。性温良・従順にして、以後御料馬として馬術の御練習、野外の御騎乗のみならず、観兵式・大演習等には常に供奉し、昭和五年十二月三日に至るまで、二百三十九回御騎乗になる」（『実録』）

「初緑」の騎乗回数が飛び抜けて多い。大正十二年の乗馬回数百三十九回、鞍数百九十六回という数字が、他年と比べて群を抜いている。摂政が馬場へ通われた回数自体が多いのだ。乗馬回数とは馬場に通った回数、鞍数は騎乗回数を意味し、約一時間程度の騎乗を一鞍と数え、その習熟度を忖度《そんたく》する目安となる。

十一月十八日には、千葉県習志野の陸軍騎兵学校へ行啓、生徒の障碍飛越訓練などを見学したあと、騎兵学校の「新寿《しんじゅ》」ほか一頭に騎乗。初めての馬を相手に馬術訓練に励んだ、と『実録』は記す。大震災の年が、はからずも昭和天皇の生涯を通じて飛躍的に馬術の進歩を遂げた年となったことも注目に値しよう。

大正十三（一九二四）年暮れのこと、遊佐幸平がハンガリーで見つけた二頭の葦毛が横浜港に着いた。遊佐は軍馬補充部購買官という立場で、「天皇の馬」探しに渡欧した。遊佐は、かつてナポレオン皇帝が寵愛《ちょうあい》したアラブ種の葦毛で、シャギヤ系と呼ばれる王侯貴族だけが愛馬とする血統馬のなかから選んで買い付けたものだという。

二頭には「白雪」「吹雪」という美麗な名が付けられた。それぞれこれから始まろうとする激動の昭和を、天皇とともに過ごす運命を担う白馬である。いまにして言うなら、いかにも昭和という時代を象徴するかのような名が付けられたように思えてならない。

大正十五（一九二六）年一月八日は、摂政の資格としては最後の陸軍始観兵式だった。「初緑」に騎乗して代々木練兵場へ行啓、閲兵《えっぺい》を行なった。その年の十二月二十五日、大正天皇は心臓麻痺により崩御。ただちに践祚され、元号は「昭和」と改まったのである。

Ⅲ．昭和天皇、明仁皇太子の馬術力

昭和天皇の白馬

大正末期、遊佐幸平がハンガリー産の白馬二頭を買い付け、昭和天皇（当時はまだ摂政《せっしょう》）に献上したことから、天皇と白馬の物語が始まった。

当時の国産馬の平均的な体高は百四十センチ前後、体重二百八十キロほどで、今から見れば貧弱なものだった。その上、遊佐幸平によれば「性質ばかりでなく獰猛《どうもう》な風貌をしていた」（『馬狂放談』）という。だが、昭和期に入ったころには平均体高百五十五センチ、体重は四百五十キロ前後という見事な体格に改良され、世界の軍馬に一歩も引けを取らない水準にまで達していた。体高では追い付いても、それでもまだ足りないのは血統という歴史だった。遊佐は新しい天皇に高貴な気品を備えた馬を進呈したいと懸命に探した、とも書いている。

強靭な体軀に華麗な面持ちを漂わせる葦毛の二頭（「吹雪」と「白雪」）がハンガリーから買い付けられ、さらなる調教を受けた。騎馬民族（マジャール人）国家の流れを汲むハンガリーの馬は俊敏で、確かに風貌にも気品があった。

「吹雪」は大正五（一九一六）年生まれの牡《おす》のアラブ種で、昭和天皇が初めて騎乗した大正十四年夏にはすでに九歳になっていた。昭和八年に十七歳をもって三里塚の御料牧場に引退するまで、二百五十四回の騎乗回数が記録されている。

もう一頭の「白雪」は「吹雪」より若い牡馬《ぼば》だった。大正十（一九二一）年生まれと言われており、天皇初騎乗のとき四歳。ナポレオン・ボナパルト一世が愛《め》でた葦毛の馬と同じシャギヤ系の純血アラブ種で、もっとも潑剌《はつらつ》とした年頃だったと思われる。「白雪」はさすがに見た目にも姿が流麗で、若い上に性格も従順だった。昭和天皇のご料馬は「吹雪」から「白雪」に移った。

当時の観兵式などの騎乗はすべてこの「白雪」になったことから、昭和天皇が「白雪」に騎乗される姿は一種の伝説ともなった。私たちが当時のニュース・フィルムや写真で見る昭和天皇の白馬写真のほとんどが「白雪」だったといってもいいだろう。

激動の昭和を生きた「白雪」も敗戦とともに必要とされなくなったが、その騎乗回数は三百回を優に超える。生没年は資料によって多少の食い違いがあるが、昭和二十二（一九四七）年、「白雪」も三里塚の御料牧場で二十六年の生涯を閉じたとされる

（早坂昇治『馬たちの33章』、檜山良昭ブログ「閑散余録」［第338回］）。

昭和天皇の馬術の腕前は、偶然とはいえ大正十二年の関東大震災を前にワンステップ上達された。崩壊した道路をものともせず、馬上から帝都の大災害を視察し激励する天皇の姿は、国民に復興の勇気を与えるのに大きく寄与したと考えられる。

即位後も鍛錬を積まれ、いっそう馬術の腕を磨いている。障害飛越で一・五メートルくらいは軽く飛び、颯爽として疾駆《しっく》していたという。そのうち、狭い馬場の中だけでは満足がゆかず、当時の住まいだった赤坂離宮から地続きの青山御所にかけての広い庭へ駆って出る。さらには小高い丘を越え、小砂利が敷き詰められた小道を襲歩《しゅうほ》で駆け抜けることもしばしばだったと、供奉《ぐぶ》した竹田恒徳は語っている（『馬よもやま話』）。

ただその際に、陛下の馬が蹴上げる小砂利が石つぶてとなって後ろに続く供奉員の顔面にまで降りかかってくるのにはいささか閉口したとも述べている。「後塵《こうじん》を拝す」とはよく言ったものだが、なんとも痛い後塵だったのは間違いない。

昭和二年六月、赤坂御苑の馬場で天皇は障害競技の訓練を積まれている写真が残されているが、障害馬術をたしなんだ皇族は昭和天皇が初めてのことだという。

戦後、白馬は皇室の一家団欒のお相手となった（昭和26年）©Cortesy of MacArther Memorial

馬というのは私など素人からすれば、障害があれば飛び越える本能を持っているものとばかり思っていたが、どうも間違いらしい。

犬や猫などは飛び越えるのが本能のように思えるが、馬はよく調教されて初めて越えるのだそうだ。考えてみれば、本来は草原でただのんびりと草を食《は》んで生きていればよかった動物である。ところが、家畜化され、調教され、一度主人に教えられたら、馬は命ずるまま可能な限り身命を賭《と》して障害を越えるようになるのだと初めて知った。同じように、馬は主人が止めるまで走れと指示されたら走り続ける、とも言われている。止めないと「馬は千里走って血の涙を流す」とまで言われるほど、忠実な動物なのだ、とも。また、馬には不思議な霊感というか、帰巣《きそう》本能というか、とにかく一度通った道を忘れず、必ず自分で帰れる能力がある。これでどれだけ山野で道に迷った兵が助かって帰営できたかは知れないという。馬

昭和天皇の御料馬。左より「初霜」「初雪」「嶺雪」「白藤」「家霜」（『馬 よもやま話』より）

の後をついて行けば迷子になっても帰れるのだ。昭和天皇の馬術ご指南役ともいえる遊佐幸平は、馬の本能についてこんなふうに書いている。

「馬は高さ二メートル五十や、幅八メートルにも及ぶ大障害を、決して自ら跳ぶものではなく、飛ばんと欲するものでもない。自然の状態では、これを避けるのが馬の本性である。ところが、いちど騎手が命ずると、敢えてこれを飛越すべく努力し、我が身のほどをすこしもかえりみない古代の武士に似て、騎手を感激させてくれるものです。山野を逍遥《しょうよう》するときなども、地物に人が恐怖をおこすと、馬も直ちにこれを恐れ、態度にあらわします。人の心を馬はたえず読んでいるかと思うことがしばしばあるものです。よく伝書鳩が、恐るべき帰巣本能をもっていると耳にしますが、馬もこの六感においては劣らぬ鋭さを有しておる。

自分が、弘前の騎兵第八連隊にいたころのことです。四十里へだてた能代町に野営中、暗夜に放馬した馬が翌々日の夜、連隊に帰ったという例もあり、この種の霊感また誠に豊なものがあるといってよいと思います」（『馬狂放談』）

馬の本性を遊佐などからご進講を受け、それをまた実践に役立たせる訓練を積んでいた。天皇が文武両道の修養を積むのが望ましいとされた時代である。公務の許す限りは毎週月、水、金の午後一時間馬場にて、雨天なら覆馬場《おおいばば》で乗馬訓練に励んだとの記録がある。「山吹」「白雪」「嶺雪」「香薫」などに騎乗、二百メートルある馬場を疾駆されたという。

「昭和七年御造営になつた障碍物馬場には竹柵二ッ、生垣二ッ、その高さは一メートル二十より三十にて、幅一メートル二十があり、ほかに濠の障碍物がある」(『皇室皇族聖鑑』昭和篇)

ナポレオンの影響があったか

白馬を召されたのは昭和天皇に限るようだ。明治、大正両天皇の白馬姿は見たことがない。なぜ昭和天皇は、白馬を好まれたのか、少し考えてみよう。

平時の昭和天皇は、やや猫背気味のきらいがあった。だが、ひとたび馬上の人となるとがらりと変わって大元帥にふさわしい雄姿を国民の前に現わしたものだ。

これには実は思い当たるフシがある。昭和天皇は皇太子時代に渡仏した際、馬上豊かなナポレオンの名画に触れ、ナポレオンの胸像を土産として買い求めた。

私は十年ほど前、三笠宮崇仁《たかひと》殿下に数カ月にわたる長期間インタビューをお願いした経験があるが、そのとき三笠宮から昭和天皇がナポレオンに関心を持たれていたという談話をお聞きしたことがある。

「実は昭和天皇は、フランス革命やナポレオンに深いご興味があって、その歴史にも大変お詳しい。生物学者の面だけがよく知られているが、実は西欧史にも大変通暁《つうぎょう》されていたのです。特にナポレオンにはご関心がおありで、かつて御文庫の机上にはナポレオンの胸像が置かれていた記憶があります」

と語っている。陸軍士官学校時代の兵科が騎兵で、騎兵学校も卒業した大の馬好きとされる三笠宮である。白馬に跨るナポレオンの雄姿が気になったのは当然だろう。

「背丈も大きくないナポレオンが馬上でひときわ立派に映えるのは、胸を張った姿勢がいいからでは」と兄宮に感想をもらされたのではないかと、聞きながら私は感じたものだった。

二・二六事件当時、侍従武官長（昭和八年四月〜十一年三月）として昭和天皇に仕えたことのある本庄繁《ほんじようしげる》（陸軍大将、昭和二十年十一月自決）は、ナポレオンの胸像について「陛下はナポレオンについてもご研究が盛んであられ、その胸像を大切にされていた」（『本庄繁日記』）との証言を残している。

そのナポレオンの胸像は、敗戦とともにどこかへ移されたと聞く。一説には、リンカーンとダーウィンの写真が代わって飾られたとも言われるが、真相は不明である。

本章冒頭で、天皇家があまり馬に乗られる姿が拝見できなくなった、と述べた。また天皇賞レースや馬術競技ご臨席の機会も減っておられるように拝察する、と書いた。昭和天皇が戦後、白馬姿で国民の前に出られることはなくなったが、けっして馬への関心が無くなったわけではなかった。

昭和天皇の馬術への関心自体は、かなり旺盛なものがあった。戦後もしばしば馬術界の功労者たちを招かれ、談笑されたとの記録もある。昭和二十年代後半から三十年代初期までは、特に馬術への関心は深く、また競技会などへもご自由にお出かけがあった。竹田恒徳が語る、戦後の昭和天皇と馬術界との関わりを示す逸話を拾っておこう。

「昭和三十二年四月五日のこと、アメリカから帰国した私は、帰国のごあいさつのために参内《さんだい》したとき、侍従から次のようなお話しを受けた。先般、陛下がおくつろぎの折に、たまたまお話しが馬に及ぶや、

『遊佐や城戸には久しく会わないが、一度、話でも聞きたい』とのご沙汰があった。

その年の五月二十一日、遊佐、城戸両氏とともに、皇居の花蔭亭《かいんてい》へ参上した。陛下はいかにもお懐かしげなご様子で、ご会釈を賜わりつつ、さっそく馬術談議が始まった。その間、陛下は終始、ご熱心にいちいちうなずかれ、しばしば御下問もあって、いかにも興味深げであられた」（『馬　よもやま話』／抄出）

遊佐はすでに繰り返し紹介済みの馬術家にして若き昭和天皇の馬術ご指南役も仰せつかった元陸軍騎兵学校教官（少将）だ。陸軍省軍馬補充部本部長も務めている。城《き》戸《ど》は城戸俊三《としぞう》（騎兵中佐）のことで、靖國神社の戦没馬慰霊像建立の際の立役者である。昭和天皇に招かれた三者とも馬術の達人として名を成したが、とりわけオリンピックなどを含め、日本の馬術向上に大きな足跡を残した男たちであった。

戦後のいつ頃まで昭和天皇が騎乗したかを特定するのはなかなか難しいが、昭和聖徳記念財団発行の雑誌『昭和』(平成十四年五月号)によれば「昭和天皇は戦後の二十四年(一九四九年)の四十八歳までご乗馬された」とある。

すでに「白雪」も廃馬となっていた時期である。占領下において天皇が白馬で行幸ということはもはや考えられない。皇居内ですらご遠慮気味だったのではないだろうか。「白雪」が引退したあと、主馬寮には「初雪」「嶺雪」「白藤」「家霜」などの葦毛が残されていたという。

まだ学習院高等科在学中の明仁皇太子(今上天皇)を中心にして、天皇ご一家がにこやかに白馬を囲む団欒《だんらん》写真がある。国内の報道陣には何らかの理由から公開されなかったのだろう、私はこの写真をかつてアメリカ・ヴァージニア州ノーフォークにあるマッカーサー記念館のアーカイブスで発見した。一九五一(昭和二十六)年とだけ記されている。皇太子と義宮《よしのみや》の両親王が白馬に乗り、天皇・皇后両陛下と順宮《よりのみや》厚子内親王がにこやかな表情で傍に立っている。馬術談議でもされているのだろうか、戦後の「平和」を象徴するのにまたとない団欒写真といっていいだろう。

ここに写っている天皇にはもちろん大元帥の面影もなく、馬は軍馬ではない。以後、白馬に皇族方が乗られる写真は公開されなくなった。高等科時代の皇太子は、しばしば皇居内の馬場で葦毛に乗って訓練をしていたが、写真は公開されていない。その後、天皇家と馬の距離がどうも遠くなったように思うのは私だけであろうか。

国民生活と馬

わが国の馬に関する歴史を探ってみると、神代に遡《さかのぼ》る。天皇や皇太子などが盛んに馬に乗った記録があり、万葉にも詠われていることはここまで見て来たとおりである。

やがて時代が下ると戦国の世を迎え、馬術は武芸に欠かせなくなる。同時に祭事として古代競馬《くらべうま》、打毬《だきゆう》、流鏑馬《やぶさ》などが発展し、伝統芸術としても現代に伝わっている。野馬追《のまおい》などもその一つだろう。農作業に従事し、荷役運搬に馬力を発揮するなど、国民各層に馬との関わりは欠かせないものとなってきた生活史がある。

こうした民俗学的なフィールドを覗いてみると、馬にちなんだ地名が多いことに驚く。面白いところに気づいて調べたのは、竹田恒徳という稀代の馬好きである。竹田恒徳が靖國神社の軍馬慰霊像建立に尽力した件は紹介済みだが、彼は馬（駒、駿）の付く地名にも興味を持った。全国津々浦々となれば無数に上るだろうから、まず手始めに首都東京で馬に関する地名を調べてみた。加えて、馬以外の動物に関する地名も調べて比較しているところが面白い。

馬好きな元皇族の著書『馬 よもやま話』によると、都内には馬が付く地名が三十一ヵ所もあり、他の動物、たとえば猿や鹿（四ヵ所）、熊（三ヵ所）、牛（三ヵ所）などと比べて比較にならないほど多いという。

一例を引けば、駿河台（千代田区）、馬喰町《ばくろちょう》（中央区）、大伝馬町《おおでんまちょう》（中央区）、高田馬場（新宿区）、駒込（豊島区）、練馬（練馬区）、駒形（台東区）、駒場（目黒区）、馬込《まごめ》（大田区）、上馬《かみうま》（世田谷区）、駒沢（世田谷区）などなどが挙がる。

人の生活と馬との関わりが、古来よりいかに深かったかが分かるサンプルといえそうだ。こうして馬文明は国民各層に浸透しながら日本独自の進展を続けた。小型の猛獣みたいだ、と外国兵に笑われた明治天皇が発奮するのは、明治三十七年四月のことである。

この年に発した馬匹改良の勅諚《ちょくじょう》によって、国産馬の大型化が進んだ。加えて優良血統馬の輸入により拍車がかかった。天皇も国民も皆の安寧と無病息災祈願を込め、絵馬や馬頭観音に祈願してきたのが昭和期までの馬匹文明の流れだった。

西方に目をやれば、メソポタミア（現・シリアやイラク）、エジプト、フェニキア（現・シリアからレバノン一帯）など古代オリエントの時代から、王侯貴族にとって馬術の上達は欠かせない要件だった。それは紀元前四千年にまで遡《さかのぼ》り、さらに中央アジア（ウクライナ、カザフスタン、モンゴル高原地方）地域でも紀元前三千年ころになると馬は家畜化されていた。そして、いずれの地域においても、馬は単なる役畜《えきちく》以外に宗教的な要素を兼ね備えて人類と関わってきたと、多くの埋蔵品が語ってくれている。

王侯貴族の墳墓から、副葬された馬や馬具類が多数見つかっていることはすでに述べた。わが国でも古墳時代（三世紀中頃〜七世紀頃）には埴輪馬《はにわうま》が出土しており、古代朝廷文明と馬の強い関わりが現代に伝わっている。

なぜ馬はアオなのか

馬の文明に因《ちな》んで言えば、奈良・平安時代からの宮中儀式に「白馬節会《あおうまのせちえ》」というのがあることは本章「神の馬はどこから来たか」で紹介した。

「白馬」を「あおうま」と呼ぶ慣わしがあるのも思えば不思議な読み方で、素人の私には謎だらけである。なぜシロがアオなのか。

毎年正月七日に行なわれることから「七日節会《せちえ》」ともいうこの儀式に使われる馬は白馬ではなく、実は青っぽい黒毛が始まりだったというのだ。馬の毛色をいう場合には、今でも黒毛とは言わず青毛というそうだが、理由は黒を忌《い》み嫌ったためとも、当時の神職が青光りする黒毛を邪気祓いとして見立てたのがコトの始まりとも言われている。朝廷の儀式を十二カ月に分け、その由来を記した『公事根源《くじこんげん》』という書がある。その書に青馬のいわれが書かれているので読み下してみれば、「馬は陽の獣で、青は春の色である。そのため正月七日に青馬を見れば年中の邪気が払われるという」とある。

ほかの古文書にも同様の記述が見られ、「きはめて白きものは青ざめてみゆるものなり、されば青馬とも白馬ともかよひて申にや」(『世諺問答』『日本馬政史』一巻)などと紹介されている。いずれにしても、白馬と青馬の区別が奈良時代にはあまりなかったものと考えられる。実際に青い馬というのはめったにない(南部馬には稀に青毛の馬がいたという)ので、青く光って見えるほど美しい、という意味に解していいだろう。
天平宝字《てんぴょうほうじ》二（七五八）年の作というから奈良中期か、大伴家持《おおとものやかもち》は黒っぽい馬（実際には栗毛か）を青馬として詠んでいる。

水鳥の鴨羽《かもは》の色の青馬《あおうま》を今日見る人は限り無しといふ

水鳥の鴨の羽の色をした青馬を、今日見る人は無限の寿を得るという。今日は正月七日の「白馬の節会」である。こうして一般的な馬をアオと呼ぶ習慣が始まったものと考えられる。ところが平安中期になると、青い馬を白と表わしていたのがいよいよ本物の白馬に取って代わる。平安の歌人・紀貫之の『土佐日記』に、そのあたりの変わり目が散見できる。

「今日はあおむまなどおもへどかひなし、たゞ波の志ろきのみぞ見ゆる」（承平《じょうへい》五［九三四］年正月七日）

貫之は正月七日に京の都で青い馬が見られると思っていたら、なんということか、波がしらのような白い馬ばかりだった、と嘆《なげ》いている。

貫之が初めて土佐に赴任した延長《えんちょう》八（九三〇）年ころには、まだ青毛に見える馬を使って儀式が行なわれていたのだろう。わずかこの五年後、再び京へ上ってみたら今度は白い馬に代わっていたことが分かる（『馬たちの33章』）。

本来は「青馬を見れば年中の邪気が払われる」と信じられていた儀式なので、青い馬が揃ううちはよかったが、次第に葦毛で代用するようになったということだろう。明治維新直前まで京都で暮らしていたさる子爵も、平安中期・醍醐天皇の代から白馬に代わったようだと証言している。

「自分は幼少の頃京都で見たことにつきお話しすると（最も賑やかだったのは）御承知の白馬節会である。正月七日に青馬を見れば年中の邪気を除くといふうやうな故事があつて、此の儀が古くから行はれて来たものゝやうに聞いて居る。又古くは青馬として黒に青みを帯びた毛色の馬を用ひたのであるが、醍醐天皇の御代から白馬を用ひることゝなり、以来は文字にも白馬節会と書くが、訓には矢張『アオウマ』といふのが

習であるさうな」（『日本馬政史』三巻／抄出）

以降、文字通り「白馬節会」となって、明治二年までこの行事は宮中で続いた。

芝居・映画、歌、「日本昔ばなし」などに、しばしば馬をアオと呼ぶ場面が出てくるのはこうした故事に由来するのではないか。有名なところでは、昭和二十六年に封切られた『あの丘越えて』（松竹）という映画とその主題歌にアオが登場する。

主演の美空ひばり（当時十四歳）が歌って大ヒットしたので、私たち世代には忘れられない一曲だ。菊田一夫・作詞、万城目正《まんじょうめただし》・作曲の一番の歌詞である。

山の牧場の　夕暮れに
雁が飛んでる　ただ一羽
私もひとり　ただひとり
馬《あお》の背中に　目を覚まし
イヤッホー　イヤッホー

馬を見れば何色でもアオで通ってきたのが、古き日本人の馬への親近感ととれなくもない。珍しい青毛馬、そして水鳥の羽のように青く光って見える栗毛、さらに、邪気を払う白馬信仰が連綿と続く国民の生活史がそこから浮かび上がってくる。

今上天皇は馬術部主将だった

皇太子明仁親王（今上天皇）は、昭和二十（一九四五）年八月十五日を奥日光・南間ホテルの別館で迎えた。満十一歳八カ月、学習院初等科六年生である。

東宮侍従長・穂積重遠《ほずみしげとう》男爵（のち東宮大夫）や傅育官《ふいくかん》らとともにその一室で正座して終戦の詔勅を聞いた。傅育官には石川岩吉《いわきち》主席以下、山田康彦、東園基文《ひがしそのもとふみ》、村井《むらい》長政《おさまさ》の計四人が交替（三週間日光に滞在、一週間帰京）で詰めていた（東園基文『幼稚園から初等科御卒業まで』〈『立太子礼記念御写真帖』〉所収）が、七月から新たに黒木従《くろきつぐ》達《さだ》が加わった。余談ながら、黒木は後年皇太子が正田美智子さんを軽井沢のテニスコートで見初《みそ》めたのを知り、陰ながら積極的行動を促した〝功労者〟とされる人物である。この終戦の詔勅の日まで、皇太子は当然ながら少年皇族たる教育を受けて来た。馬術は必修科目である。戦況逼迫《ひっぱく》する日光での馬術訓練は不可能となっていたが、その前、昭和十九年三月から四月にかけて千葉県三里塚下総御料牧場疎開の折りには馬術の集中訓練が行なわれている。

　将来の大元帥として、昭和天皇のように陸軍大演習の観兵式で白馬に騎乗して閲兵《えっぺい》するためだ。初等科時代にして、明仁親王は馬術と水泳の素養は十分との評判だった。水泳と和船漕ぎは、沼津御用邸前の海岸で修練を積んでいた。乗馬指導は昭和九年に宮内省主馬寮主任となっていた城戸俊三である。

学習院高等科時代、「春生」を駆って障害競争の腕前を見せる皇太子時代の今上天皇（『今上天皇　つくらざる尊厳』より）

　だが、敗戦とともに観兵式の必要はなくなり、乗馬は単なるスポーツの意味としてしか機能しなくなった。皇太子の乗馬はテニスと同様、技術ばかりでなく、マナーやスピリットの面でも西欧風に鍛えられることとなる。家庭教師のバイニング夫人をはじめ、キリスト教と西欧文明が一挙に皇室に流れ込んだことが大きい。中でも最大の〝貢献者〟は小泉信三《こいずみしんぞう》であろう。

慶應義塾の塾長を満期で退任した小泉は、昭和二十二年、東宮（皇太子）御教育参与に就くが、さらに二十四年二月には「常時参与」と不思議な職名を拝命している。要するに皇太子の教育並びに間もなく始まる東宮妃選考責任者としては「小泉を措《お》いて適任者はいない」と水面下で決定されたのだ。

最初に小泉に白羽の矢を立てたのは吉田茂《よしだしげる》（当時第一次内閣）だが、「常時」となったのは芦田内閣時代。背後で動いたのはやがて宮内庁長官となる田島道治《たじまみちじ》や池田成彬《いけだしげあき》だった。田島は新渡戸稲造《にとべいなぞう》門下のクリスチャン。池田は三井財閥の総帥。主役の小泉がクリスチャン（洗礼を受けるのは昭和二十七年二月）というだけでなく、東宮妃選考の主要人物はこのあとほとんどクリスチャンで占められてゆく。田島の後任で皇太子妃決定時の宮内庁長官・宇佐美毅《うさみたけし》はクエーカー教徒、侍従長の三谷隆信《みたにたかのぶ》（終戦時まで駐仏大使）は新渡戸稲造と内村鑑三の門下生である。ついでながら、三谷の長女・邦子《くにこ》は作家・三島由紀夫の初恋の相手で、三島の代表作の一つ『仮面の告白』の園子《そのこ》のモデルという関係にある。

その選考過程で、かつての女子学習院卒業者が集う「常磐会《ときわかい》」のメンバーから強い反発が起きた。中軸となったのは、松平信子《まつだいらのぶこ》（秩父宮勢津子妃の母）、信子の姉である元・梨本宮守正王の妻・伊都子《いつこ》妃、高松宮喜久子妃、柳原白蓮《やなぎわらびやくれん》（大正天皇の従妹、歌人）、そしてなによりも姑となる良子《ながこ》皇后といった強力な布陣である。

結果として、偶然ながら軽井沢のテニスコートで、正田美智子さん（正田家の祖父母、母・富美子が洗礼を受けている）と糸が繋がった。人の運命とは計り知れないほど数奇なものだと証明するのに、これほど恰好の材料はなかなかないだろう。

話が馬からそれたが、要は小泉信三たちの登場によって、皇太子の側に仕えるご進講役が遊佐幸平や城戸俊三といった軍馬を扱ってきた軍人から、キリスト教的西欧自由主義者に代わったこととの意味を確認しておきたかったのだ。

明仁皇太子と学習院高等科の馬術部時代をともに過ごした明石元紹《あかしもとつぐ》（元学習院大学馬術部監督）は、小泉の熱心な現場指導を受けた一人である。

「（小泉さんは）毎日、御所に顔を出し、殿下へのご進講のない日でも、食事や座談のなかで、自分の意見を東宮職に浸透させていったようだ。高等科時代には、殿下がお入りになっていた寮には足しげく行かれていた――。

殿下が、馬術部のキャプテンになると、スポーツ愛好家で、野球やテニスの観戦に熱心で、スポーツの良さを殿下に説いていた小泉さんは、われわれの馬の試合にも顔を見せてくださった。馬上の殿下の一挙手一投足をジッと見つめていた」（『今上天皇つくらざる尊厳』／抄出）

昭和二十年十一月七日、東宮の住居問題を含めて焦土東京への帰還が遅れ、この日になった。初等科六年生の皇太子明仁親王は、焼け残った四谷の初等科校舎のうす暗い建物で授業を受けた。翌二十一年四月、小金井の校舎で中等科へ進んだ皇太子とその学友たちにアメリカ人のバイニング夫人が付くのは同年十月からである。このあたりの詳しい事情は拙著『昭和天皇　七つの謎』（ワック刊）第七章あたりを参照していただくとして、馬との関わりに進もう。

少年皇太子がすでに馬術の訓練を受けていたこと、とりわけ疎開前には三里塚御料牧場で特訓を受けたことは先に述べた。小金井の校舎には馬はいなかった。隣接する東宮用の御仮寓所《ごかぐうしょ》では、ニワトリを飼うのが精一杯だった。当時の小中学校で運動会というと、華は何といってもクラス対抗リレーと騎馬戦あたりだったろうか。代わりにというわけにもいかないが、皇太子も騎馬戦で騎手として活躍していた、と同級生は語っている（『立太子礼記念御写真帖』）。

毎年秋、小金井校舎運動場では運動会が行なわれていた。頭に鉢巻を巻いた皇太子が級友三人の作る騎馬に乗り、一戦交《まじ》えていたという。負けず嫌いなところのある皇太子は、小柄ながら精一杯の戦功を挙げたようだ。騎馬の構成は通常四人で、小柄な一人が騎手となって三人が手を組んで騎馬を作る。互いの鉢巻、運動帽などの取り合いをしたり、ときに騎手を引き倒したりもする。動きが激しい競技で声援も大きく、運動会の花形競技だった記憶がある。近年では「怪我が心配で学校が責任を取らされる」からとか、「戦争を思い出させる復古調」だと言うような理由から、競技種目から外されるケースが増えていると聞く。

昭和二十四（一九四九）年四月、明仁皇太子は高等科に進学する。校舎は半分ほど戦災から焼け残っていた目白である。同級生がのびのびとした学園生活を謳歌《おうか》している中で、皇太子は一人繁忙な生活を強いられていた。手許の資料によると、二年生までは月曜日の小金井御仮寓所での帝王学、火曜日は目白の特別室でのご進講、残りの四日間だけがA組同級生と一緒に勉学できるという時間割だった。そんな煩瑣《はんさ》な時間割の中でも皇太子が、馬術部とテニス部に籍を置き、最後まで真剣に部活を続けたのは小泉信三のスポーツ精神を鼓舞する叱咤激励があったからではなかったか。

皇太子が馬術部へ入ったとき同学年は十人。戦後のことゆえ高等科の厩舎《きゆうしや》には馬がまだ揃っておらず、全員が乗るのには苦労があった。同級生で三年生の最後まで残ったのは四人で、部員総数九名だった。いくら小泉の西欧式指導があるとはいっても、馬術の現場には学習院旧来の体制が残っていた。

皇太子の練習には宮内庁の主馬版が主導権を握り、部員たちは皇居内の厩舎にいる優秀な馬で特別訓練を受けることもできた。その結果、練習量（鞍数という）も豊富になり、高校生ながら大学生を凌《しの》ぐ腕前を誇った。

皇居内の馬場で、皇太子と一緒に練習できた同級生の明石元紹の著作から、皇太子の馬術部での活躍ぶりを拝見してみたい。

「われわれは宮内庁のいろんな馬に乗っていたが、だんだんお手馬ができた。皇太子殿下の愛馬は『嶺雪』という葦毛。私は前半、葦毛の『家霜』だったが、後半は『神緑』というバネのある鹿毛馬に惚れた。

われわれが二年生の途中で、高尾さんたち三年生は部の執行部を退いた。大学受験があるので、各部の習慣だった。高尾さんから主将を引き継ぐのは私のつもりでいた。しかしその前に、私は推されて輔仁会《ほじんかい》総務委員になってしまった。それでみんなが相談し、皇太子殿下に主将をお願いすることになったと記憶する。普通の学生と違って、帝王学の個人授業など多忙を極めていた殿下は、職責を果たせるか心配したと思うが、引き受けてくださった。馬術の腕からしても当然の状況だった」（『今上天皇つくらざる尊厳』／抄出）

当時、馬術部員が一番熱を入れているイベントに「附属戦」というのがあった。早慶戦のように全校挙げて学校同士が競う対抗戦である。「附属」とは東京高等師範学校（現・筑波大学附属高等学校）で、野球なども含めて旧制高校時代から引き継がれていた。相手の附属側は「院戦」と呼んでいる。皇太子が三年生の時の対抗戦は、宮内庁から馬を借りて学習院の馬場で盛大に行なわれた。皇太子は責任感も強く、率先して激しい練習に挑み、この「附属戦」に勝った。

もう一つ、馬術部がある関東の高校同士で行なわれる「関東トーナメント」という馬術競技会があった。このトーナメントでも皇太子を主将として戦い三年間に一回優勝し、一回は準優勝している。

ずっと後年、浩宮や礼宮《あやのみや》があまり馬術に熱が入らないので困った、と担当侍従がこぼした時期があった。その一件について、同級生の明石は次のように記している。

「浩宮様や礼宮様が、父上の希望されるように熱心に乗馬練習をなさらず、担当の侍従が困って、東園さん（当時、常陸宮家侍従）に、『どうして東宮様は、大きな競技会で優勝なさるほど馬術に身をお入れになったんですか？』と訊ねたところ、東園さんは『お一人で練習されていたお小さいときは同じですよ。同級生と一緒になさるようになって、急に熱が入ったような気がします』と答えたという。つまり、殿下は表面には出さないが、人一倍負けず嫌いで、競争心はかなり激しかった」（前掲書／抄出）

こうした試合で皇太子が乗る馬は葦毛の「嶺雪」だった。

そもそも「嶺雪」は昭和天皇が観兵式でしばしば騎乗した名馬「初雪」の異母弟にあたる馬で、皇太子のほかに義宮（のちの常陸宮）も数多い鞍数が記録されている。

昭和天皇の乗馬記録は昭和二十四年で終っている。皇太子も馬術部員としてそれからしばらくの間は障害飛越の腕前を披露していた。だが、やがて障害からは遠ざかり、青山御用地内でのより安全なポロや打毬（要するに和製ポロ）に移っていく。

さらに美智子妃と結婚されてからは、妃殿下が乗馬にチャレンジされようとした。ところが、新婚の皇太子夫婦の家庭内に、意外な〝小事件〟が起きたのだ。

「皇族には、車馬官など馬をお教えする専門家がいる。しかし馬術に自信のある殿下は、愛妻に自分で乗り方を教えたい。その様子を見た幼稚園児ぐらいの浩宮さまたちは、未経験の母・美智子さまに、父親が無理やり馬に乗せているように映った。

御所の壁に『乗馬反対！』というビラを貼ったと聞いている」（前掲書）

美智子妃は持ち前の優れた運動神経と努力によって、乗馬も早く上達したという。

夏休みの那須高原や御料牧場ではしばしば乗馬を楽しまれたとうかがっている。

だがここで注目すべきは、現在の皇太子夫妻は、スポーツとしての乗馬すらあまりご関心が無いようにお見受けすることである。天皇家に脈々と受け継がれてきた文明の一つが馬との関わりである。これからの皇室から、馬は次第に縁遠くなってしまうのだろうか。

第四章

輜重《しちよう》輸卒が兵隊ならば、蝶々トンボも鳥のうち

渡河する輜重部隊（『蹄のあしおと』より）

輸入品だった蹄鉄技術

元来、馬というものは草原の動物である。土は柔らかい。岩盤や山岳地帯を歩くような足は持ち合わせていなかった。馬が野生だった時代には、足の先にある蹄《ひづめ》の伸びと摩滅のバランスが自然にとれていたので、蹄鉄《ていてつ》を付けなくてもよかった。

どういういきさつかは分からないが、日本の在来種は蹄が強く、蹄鉄を付けないでも原野を走るのにさして問題はなかったようだ。だから、蹄のまま何もつけずに山野を走らせていた。ただ、長距離や悪路の場合に限って、農民や戦国武将は馬に草鞋《わらじ》を履《は》かせて済ませてきた。

ギリシャなどでは四世紀には蹄鉄技術が生まれていたというが、それだけ石畳や山野の岩盤地帯での戦《いくさ》が多かったせいだろう。

そのような西欧式蹄鉄文化が入ってきたのは江戸末期のことで、歌川広重《うたがわひろしげ》などの浮世絵に描かれた馬はみな草鞋姿である。大老・井伊直弼《いいなおすけ》は蹄鉄に興味をもち、自分の馬にも蹄鉄を装着させたとの記録（ロバート・フォーチュン『幕末日本探訪記』）もあるが、普及するのは明治以降となる。

日本陸軍は軍馬の貧弱さに苦しんだが、馬体改良、去勢技術、訓練に加えてもう一つ、蹄鉄工の不足という難問を抱えていた。そこで陸軍は明治初期にフランスから、次いでドイツから技術者を招聘《しょうへい》し、蹄鉄技術の普及を急いだ。

蹄鉄を打つ鍛冶技術者、装着させる装蹄技術者を民間から確保して技術を学ばせ、急遽、間に合わせたのが日清・日露戦争である。戦争で馬の苦労をした原因の一つは蹄鉄にあった、というわけだ。明治末期、蹄鉄はようやく全国に広まり、獣医学校や農学校に蹄鉄専科が設けられ、蹄鉄工は国家資格となった。これも、明治三十七年に明治天皇が発した勅諚《ちょくじょう》がきっかけで制定された馬匹《ばひつ》改良政策（臨時馬政調査委員会など）の一環である。

具体的には陸軍獣医学校（明治二十六年設立）の指導下で、軍馬専門の蹄鉄工の養成が農学校などで急がれた。

陸軍獣医学校は、東京市郊外の荏原《えばら》郡世田谷村代田（現・世田谷区代沢）に設けられ、終戦まで存続していた。昭和二十二年、陸軍獣医学校跡地に日本装蹄学校が開校した。やがて時代の変化に押されて駒場学園高等学校と名称が変わり、装蹄科も農業科に併合される。開校以来、ここが全国唯一の装蹄畜産科という実績を誇っていたが、現在では消滅して普通科となり、昔日《せきじつ》の面影はない。それでもこの駒場学園の校門脇には、陸軍獣医学校跡を示す記念碑と軍馬像が建立されている。迂闊《うかつ》なことながら、その駒場学園が私の自宅から歩いて十分少々の所にあったのを知らなかった。急いで陸軍獣医学校跡を示す記念碑と軍馬碑を見に行ってきたという次第である。

かくして村の鍛冶屋の息子や軍馬専門に養成された蹄鉄工は重宝がられて召集され、前線へと送られて行った。軍隊では馬を酷使するため蹄鉄工の役割は重要で、比較的優遇されていたようだ。馬が歩けなければ、兵は戦争ができないからだ。したがって蹄鉄工（務）兵は、准士官でもある特務曹長待遇に匹敵する蹄鉄工長まで昇進の道があった。

それでも蹄鉄工兵は、軍隊内ではテッチンと呼ばれ、やや揶揄《やゆ》された感があると聞く。鉄をチーンと叩くことからきた軍隊用語である。

馬の命を守る生命線

およそ軍隊に楽な勤務などあったろうか、と誰しも思うが、「一にラッパ、二にヨーチン、三にテッチン」という言葉があったという。傍《はた》から見て気楽な順番、というわけだ。ラッパは文字どおりのラッパ手、ヨーチンは衛生兵のこと、三番が蹄鉄工兵だということである。

「これが怠け者の順位のようにいわれた」と、山本七平も『私の中の日本軍』という作品に書いている。連隊には必ず付属工場（廠《しょう》）があり、あらゆる修理、補修などをこなす特技のある工作兵がいて、「一にラッパ、二にヨーチン、三に機工の油虫」などという言い回しもあったそうだが、蹄鉄工兵も機工（機関）として変わらない。この順序が部隊によって変わることもあった。いずれにせよ、そんなに楽のできる勤務かどうか、実際のテッチン兵の話に耳を傾けてみよう。

寒山寺や楓橋などの名勝に富む蘇州に派遣された関野好一一等兵の苦心談である。

「（初年兵教育最後の）特業教育はしんどいものだった。馬の蹄《ひづめ》保護のため、半月状の鉄製の輪をつくって蹄釘《ていちょう》で固定するのである。『水呑み百姓の小せがれ』だったから、牛を扱った経験こそあったものの、蹄鉄どころか、馬とは付き合ったこともない。それなのに、足の蹄には個性があり、形状が一頭一頭ちがうから、その型に合った蹄鉄をつくるためには馬に触れないわけにはいかないのだ。噛む、蹴る。初年兵とあなどり、足を踏ん張って見せてくれない。

それだけではない。真っ赤に焼けた鉄を打って蹄鉄をつくる作業もたいへんだった。鍛錬、合鉄、装蹄、造鉄——。なかでも鍛錬と合鉄作業は地獄だった。二人で一組となり、大ハンマーと小ハンマーを振るって焼けた鉄を交互に打ち合うのだが、真っ赤な鉄が飛び、裸の上半身は火傷だらけ、ズボンは焦げる。誰だ、テッチンは楽でいいナ、なんてヌカした奴は」（土井全二郎『軍馬の戦争』／抄出）

蹄鉄を馬の蹄に装着するには、関野一等兵が言うように蹄釘が使われる。これは馬にとっても迷惑な話だが、軍馬として使う以上、蹄鉄は馬の命を守る生命線でもあった。「蹄ナケレバ馬ナシ」とはよく言ったもので、下手をすれば馬の足裏の肉が腫《は》れて歩けなくなる。万一、ひどい炎症を起こしたら馬の生命にかかわるというので、テッチンと馬を扱う兵の苦労は絶えなかった。

満洲の北東部・佳木斯《ジャムス》に配属（姫路入隊・第五四五四部隊）された初年兵・山下功も、テッチン工の悲哀をこう回想している。

「満洲では風呂から出て帰ると、タオルが凍っていたので驚いたものです。私は輜《し》重兵《ちょうへい》で軍馬の世話係りとして、手入れや訓練などを行ないました。当時の軍隊内では、こんなはやり言葉がありました。

『一にヨーチン、二にラッパ、三に炊事、それよりよいのが犬ワンワン、もう一つ良いのが鳩ポッポ、アホのするのがテッチン工』

馬の世話をするテッチン工は、大変な重労働の任務とされていた。同じ部隊にいた義兄は私がテッチン工をしていると聞き大変驚き、これでは体がいかれて死んでしまうぞ、と言って心配してくれました」（平和祈念展示資料館所蔵記録『平和の碑』）

蹄鉄を打つ重労働が終わると、次は完成した蹄鉄を馬の爪《つめ》に装蹄する作業が待っている。

蹄釘で爪に固定する際には、肉の柔らかい部分に当たらないよう細心の注意をもって釘留めする。わが国でも、支那事変当時には「桜印の釘」という丈夫な釘が生産されるようになっていたので、戦地では「桜印」の釘が手放せなかったという。

うまく装蹄できず、蹄鉄が落ちたのを見落としたまま走らせようものならたちまち上官からビンタが飛んでくる。これを落蹄といって、テッチンが気合を入れなければならない点検作業の一つだった。もっとも、馬の側にも生まれつき爪の良し悪しはあるのだが、これを事前に見つける眼力のある者が名伯楽というわけだ。
騎兵第四十一連隊の伍長として支那大陸の黄土地帯を転戦した作家の故・伊藤桂一《いとうけいいち》（一九一七〜二〇一六）は、蹄鉄のゆるみ音を聞き分けるのも騎兵の乗馬術なのだ、と語っている。
「騎兵隊では、馬の良し悪しを、鞍馬に強いか、脚が丈夫か、爪がしっかりしているか、の三点にしぼって考える。爪は蹄鉄を落とさない、質の良い爪をよしとする。兵隊は、行軍間、いかなる場合でも、耳の一部で、自分の馬のひづめの音を聴いている。蹄鉄のゆるみを、ききわけるためである」（『秘めたる戦記』）
テッチンも騎兵も砲兵も輜重兵も、部隊に配属されるとさっそく馬との付き合いが始まる。特に新兵のうちはどの勤務であろうと難儀なことに変わりはなく、朝夕、馬の世話に明け暮れるのである。

「下士官、馬、兵隊」

どの部隊でも一番目立つのは、野砲を輓《ひ》くずんぐりした尻の大きな馬の群れである。脚が太く、恰好は悪いが、野砲などを輓くこの種の馬がいなければ野戦は成立しない。初年兵は、まず馬に触ることから訓練が始まる。「どう、どう」などといいながら頭のほうから腹、尻へと順に軽く叩いてみる練習である。これでまず馬に自分は敵ではないよ、と安心感を与える。次が裸馬に乗る訓練で、慣れないうちはなかなか難しい。

馬の左横に立って一気に飛び乗ろうとしても、たいていの初心者はずり落ちてしまって背に乗れないものだ。馬の背高は百四十五センチから百五十センチあり、横腹が思いの外太いからである。それでは、と数メートル手前から勢いよく走って飛び乗り、ようやく騎乗となる。情けなくなる初年兵を馬がじっと見つめている姿は、傍からは滑稽《こっけい》だが、兵は汗みどろ。裸馬に乗るのはそれだけ大ごとなのだ。

野砲の初年兵が、その経験を書き残している。

「辛うじて馬に乗ったのであるが、裸馬であるから鞍も鐙《あぶみ》もない。だから足をおくところがなく、ぶらぶらさせているだけである。自分の体を支えるところがないから、手綱《たづな》をにぎり締めているか、たてがみを握っているかである。馬にしてみれば我慢できなかった。それというのも、背中に乗った新兵たちが堅く手綱を握り締めているからである。馬は手綱を堅く握り締められるのを嫌った。だいたい、馬は頭を上げたり下げたりしたいのである。馬は否応もなく頭を上げていなくてはならない。このため、急に頭を下げることになる。すると私たちは、思わず頸《くび》を伝って前の方へ落とされてしまう。こうした落馬を繰り返す中で、余り堅く手綱を握りしめてはいけないことに気付いていった」(河田恒夫『馬と兵隊』/抄出)

たまたまこの場合は野砲を引っ張る輓馬《ばんば》だったので、人を乗せることが少なかったせいもあろうが、慣れない新兵はみな落馬を繰り返しながら、また、その馬の世話をやりながら親しんでゆくのである。新兵サンは、馬に乗せてもらって、落ちる訓練をする、と言ったほうが正しいのかもしれない。

言うことを聞かない馬に向かって、よく「オーラ、オーラ」と声を掛ける場面があるのをご存知かと思う。「ちょッ、ちょッ。オーラ、オーラ」といった具合だ。童謡

『めんこい仔馬』（サトウハチロー作詞）の歌詞はすでに記したが、そのなかにも「呼べば答えてめんこいぞ　オーラ」「遠い戦地でお仲間が　オーラ」とある。この「オーラ」というのは、もともとフランスの軍馬指導者が掛けていたところからきたものだという。「お雇い教師」が馬を御する際に使っていた「オーラ」がそのまま残った。「おおそうだ、よしよし」といった程度の意味らしいが、新兵は朝から晩まで「オーラ、オーラ」で日が暮れるのだ。兵科が輜重輸卒で下級兵なら、どの例を引いても肩身の狭い思いをしていたことに変わりはなさそうだ。近衛輜重兵大隊に勤務し、徐州を進軍していた吉田庚《かのえ》一等兵（最終階級・陸軍兵長）も、同じような手記を残している。

「上官は私ら新兵を教育するのに『お前らは一銭五厘で召集できるが、軍馬は多額の費用を要して簡単にはいかぬ。活兵器であるから、馬を大切にせねばならぬ』と言い、馬以下にランクされたものである」（『軍馬の想い出』）

軍隊では小隊単位で勤務するが、将校は別格として、扱われる順番は誰もが「下士官、馬、兵隊」の順だったと口を揃えて書き残している。兵は馬の下に位置づけられていたが、それだけ口をきけない馬を戦友と思う意識が芽生えるのだろうか。やがて馬に兵の気持ちが伝わるようになれば、どんな険しい山河でも騎手の言うとおりに歩き出す。これで双方「馬が合った」こととなるのだ。

兵科別の蹄跡を追って

戦闘行為はもちろんのこと、馬の扱いもそれぞれの兵種によってだいぶ違う。そこで以下、兵科別にその特色を簡略ながら見ておこう。概要は主として、「戦歿《ぼっ》軍馬慰霊祭連絡協議会」編集による『戦歿軍馬鎮魂録』（偕行社）を参考資料とさせていただいた。

▽騎兵と馬

日本に於ける近代的な騎兵の運用は、もちろん明治維新以降である。政府、陸軍が馬匹の改良を進めると同時に、フランス式、次いでドイツ式の騎兵訓練が導入された。そのリーダーとなったのは、日露戦争で活躍した秋山好古（陸軍大将）で、「日本騎兵の父」と称されている。秋山の薫陶《くんとう》を受けた騎兵として、皇室の馬術進講役ともなった遊佐幸平（少将）や硫黄島で戦死した西竹一《にしたけいち》（大佐）などが続く。

もっとも、満洲北部の任に就いた西の時代には、もはや騎兵隊は戦車部隊に様変わりしていた。まして、硫黄島へ転進させられて彼の馬術の技量が発揮されようはずもなかった。なんといっても、馬あっての騎兵である。

まず愛馬に水をやり、休ませる
（「アサヒグラフ」昭和12年8月4日号より）

日清戦争当時の騎兵は、近衛師団の騎兵を入れても七個大隊だったが、日露戦争終結までには二十九個（近衛騎兵を含む）の騎兵連隊が設置されるまでになった（山梨軍縮、宇垣軍縮などで縮小されるが）。昭和期になると騎兵連隊に機関銃中隊が付設され、火力を擁《よう》した機甲化が図られる。それだけ、馬だけを「活兵器」として活用するには限界が訪れていたのが時代の趨勢《すうせい》だった。

ために、騎兵隊の任務は次第に捜索作戦に改編されるのだが、一方で近衛騎兵連隊は儀仗兵《ぎじょうへい》としての役割を担《にな》っており、近衛騎兵の曹長が天皇旗を奉持することは至上の光栄とされたものである。

軍旗を授かるのは、歩兵連隊と騎兵連隊に限られていた。騎兵連隊では、天皇から親授された軍旗を奉じることで「天皇の軍隊」として最大の誉《ほまれ》とされたのだ。

ほとんどの兵が、軍隊に入って初めて馬術を習う。馬のほうが先輩だから、初めは馬に教えてもらう。やがて、手綱さばきを覚えると馬は歩き出すが、ときには騎手を馬鹿にして言うことを聞かない。長い耳だ、聞こえているが動かない。「馬耳東風《ばじとうふう》」「馬の耳に念仏」とはよく言ったものである。

騎兵部隊の存在価値は、一日の行軍能力にあった。連日の行軍の場合、行軍速度はおおむね次のように定められていた。

諸兵連合の大部隊の場合は一日約二十四キロ。騎兵大部隊は四十〜五十キロ。騎兵小部隊は六十〜八十キロくらいまで可能だった。それでも連日続けるのは無理で、小休止（十〜十五分）、大休止（約一時間）を挟みながらの行軍である。ただし、夜間の隠密行軍の場合には四十キロが限界距離だった。基準を越えると単なる疲労に留まらず、新兵などは作業も多いため意識朦朧《もうろう》、廃人状態に陥《おちい》ることもあった。重い背嚢《はいのう》を背負って歩く歩兵から見ると、騎兵の行軍は楽そうに見えるかもしれないが、けっして楽とは言い難い。休息時間には鞍傷《あんしょう》、落蹄などの世話があり、兵は休む時間がほとんどなくなる。そして、これは騎兵に限ったことではないが、馬には多量の水やり（水飼《みずかい》）が絶対条件だ。水嚢《すいのう》というズック製折り畳み式の水入れが積んであり、通常はこれで飲ませる。驚くほどの量を飲むので、よく兵が飲む水が不足することさえある。

水飼に際しては、馬が何度「ゴクン、ゴクン」と飲んだかを喉に手を当てて数え、毎日記録するのが初年兵の重要任務だった。

「平均で五十回飲みました」「そうか、ようしッ」という具合である。ところが、馬が水を飲む回数が減ってきたら病気の兆候に違いない。

「馬を水辺に連れて行くことはできるが、水を飲ませることはできない」

兵が必死になって飲ませようとしても、体力を失った馬には飲ませられない。そんな場合には、直ちに獣医の所へ連れて行く。馬は元来、草食動物だ。戦場では草が採集できないので穀類を与えて使役《しえき》するため、水が足らなくなると疝痛《せんつう》という疾病《しっぺい》が発症する。ひと言で言えば馬の便秘だが、馬は吐くことができないので、これを起こすと悲惨な目に遭《あ》う。水が足りないうえに、船舶輸送などで運動不足になるとたちまち便秘症を起こし、腹痛で苦悶する。死ぬ危険もあるので、糧秣《りようまつ》（兵の食糧と馬のまぐさ）が一、二食欠けても死にはしないが、水だけは欠かせない。

▽歩兵と馬

歩兵なくして軍隊は成立しない。軍の主軸はやはり歩兵、つまり歩くことにある。「歩兵の歩幅は七十五サンチ（センチ）で歩くこと」と決められていた。

騎兵は馬によって機動力を発揮するが、歩兵も連隊内の重火器部隊や通信部隊、行《こう》李《り》・弾薬部隊（弾薬、器具、糧秣などを運ぶ部隊のこと）が多くの馬を持っている。同行する馬は連隊編制によって異なるが、兵員総人数五千五百人余の「甲編制」の場合、輓馬、駄馬合わせて一千二百頭余とされた。乙編制では兵員三千九百人余に対して馬七百頭ほどとされ、これが各師団を構成する基本形態（昭和十六年度陸軍動員計画令）だった。

輓馬とは大砲などを引っ張る馬、駄馬は糧秣や弾薬を背に担ぐ馬のことである。

これだけ多くの馬匹を持っているので、馬の衛生、怪我を担当する獣医部の人員確保も重要だった。連隊には獣医将校の下には医務下士官がおり、憲兵や軍医と同等の立場で各科下士官として枢要な立場にあった。

重機関銃などを扱う歩兵部隊の行軍には、銃部分と三脚架に分けて馬一頭に駄載した。「九二式重機」と呼ばれた日本の歩兵の主力火器は素晴らしい命中率を誇ったが、いかんせん重かった。銃火器を運ぶ駄馬と弾薬を運ぶ駄馬が同時に行軍しなければ、戦闘にはならない。歩兵の持っている火砲にはこのほか、九二式歩兵砲、四一式山砲、九四式三七ミリ対戦車砲（速射砲）がある。これらにはどれも馬一頭が必要で、輓馬でも駄馬でも可能だった。行李・弾薬班の各部隊には輜重兵が配備されていて、彼らは乗馬して行軍する輜重兵と馭者《ぎょしゃ》およびその補助者である輸卒とで構成され、馬上の輜重兵がこれを指揮する。

騎兵の完全場装。糧食、馬糧、予備蹄鉄、水嚢《すいのう》、外套、天幕…。かなりの重量だ。（『戦歿軍馬鎮魂録』より）

馬を大事にしなければならないのは、どの兵科でも変わりはない。歩兵の馬は騎兵や砲兵の余剰馬をもって充当させられていたので、その分、馬格の低下、調教の不備は免れ難いものがあったと言われる。その報いは前線での生命に直結するので、歩兵が使う馬への神経は休まることがない。

もっとも多発する疾病は鞍傷で、鞍の圧迫や摩擦によって生ずる傷である。野外行動が長引けば栄養が衰え、そこに重い火器などを駄載するとしばしば鞍傷を発症する。休息時になったら、兵は自分が休む前にまず馬に水をやり、鞍を下ろし、馬の背をワラ束などで優しくさすってやってから、ようやく休むことになる。

▽砲兵と馬

そもそもは要塞攻撃のために発足した砲兵が、やがて野戦にも使われるようになった。馬と砲兵が一体化したのは、欧州では十七世紀頃のことだ。砲兵士官出身のナポレオン・ボナパルトが砲兵の機動用法に才能を発揮し、欧州を席巻《せっけん》したとされるのは十八世紀後半から十九世紀にかけてである。

戦闘の骨幹を突破するのは砲兵だが、それは敵陣前まで進んで射撃が出来てのこと。そこへ至るには、馬に頼るしか策はない。

日本陸軍においても明治初年の建軍以来、砲兵は野砲と山砲の編成で、もっぱら馬による機動だった。重量の重い火砲は分解して輓馬で牽引、弾薬などは駄馬に頼った。ノモンハン事件では、敵の制空権下でこうした輓馬・駄馬部隊がいかに苦戦を強《し》いられたか、敵の機甲部隊に対してわが砲兵がいかに勇敢に立ち向かったかは、改めて述べるまでもない。馬に頼り過ぎたわが野戦砲兵は、当然、機械化に脱皮しなければならなかったのだが、旧態依然としたまま大東亜戦争に突入した。

ましてや炎熱の南方戦場で、暑さに弱い馬がいかに苦労したかは想像を絶するものがあった。それらはおしなべて軍最高首脳部の責《せき》に帰《き》されるべきもので、第一線の兵士と馬は黙々と戦った末、多くは無言のまま斃《たお》れたのである。

輜重輸卒にも赤紙が

しばしば日本軍は輜重・兵站《へいたん》を軽視した、と言われることがある。兵站とは、前線で働く兵に物資を送るラインのことを指す。軍隊用語ではないが、補給と言えば分かりやすい。送るのは被服、食糧、兵器弾薬から医療品、燃料、補充人員など雑多で、馬も「活兵器」だからこのなかに含まれる。この輸送を扱う兵科を輜重（輸卒）というのだが、その任務の地味さからか、ながらく軽視されてきた。

「輜重輸卒が兵隊ならば、蝶々トンボも鳥のうち」

そう言って嗤《わら》われたものだった、と私はかつて作家の水上勉から直接聞かされたことがある。

「軍隊では物を運ぶ兵も同じ兵なんだが、鉄砲を持って敵と戦う兵は、私らのように馬で物を運ぶ兵をどうしても見下すんだね」

明治初年に制定された輜重だが、あまり人気がないので昭和六年に「特務兵」と名称だけ変えたが、昭和十四年、再び輜重兵に戻った。だが染みついた習慣は戻らず、輜重兵と特務兵はしばしば併用されていた。

基本的には戦闘隊員ではないものの、戦場ではいつ戦闘に巻き込まれるか分からない。そこで、主に騎兵銃という歩兵銃より短くて扱いやすい銃と剣で武装していた。前線では敵から奪った旧式銃で臨時装備したり、稀《まれ》に解散して歩兵となったケースもある。いずれにせよ、部隊を支える重要任務でありながら、補給を軽く見た帝国陸軍のウィーク・ポイントだったことは否めない。

水上勉は昭和十九年五月、召集令状を福井県の寒村で受けた。それが輜重輸卒の令状だったわけだが、彼はこの体験から『兵卒の鬃《たてがみ》』という作品を仕上げている。小説仕立てだが実話であり、自身の体験をありのままに描出《びょうしゅつ》している。日本陸軍の下級兵士が新馬を見守る姿に、しばらく目を止めていただきたい（抄出）。

「召集令状を受けた。次のような文面であった。

福井県大飯《おおい》郡本郷村岡田第九号二十三番地

第二国民兵役　　安田万吉

右充員（補充）ノ為中部第四十三部隊へ召集ヲ令セラル　福井連隊区司令部

私の名だけがペン書きで、枠の外に（馬）のゴム印が捺《お》されていた。配達してきた役場の兵事係は、中部第四十三《ヨンサン》部隊が、『輜重隊』であって、（馬）印は『輓馬隊』ではないか、といって帰ったそうだ。受けとった妻は、勤め先へ電話してきた。『輓馬隊』つまり（馬）印が、輜重輸卒であることがわかったのは、夕刻、父が仕事場から帰ってからだった。大工の父は役場のある本郷へ出ていて、私に召集がきたのを誰かに聞き、役場へ寄ったとみえて、村へ五人召集があったのも知っていた。五人とも輜重輸卒であった。

『とうとう来よったわ。馬のシルシは輪卒やでェ』
と父は土間の入口でいった」

安田万吉の父は、かつて金沢輜重隊に現役で入隊した経験者だった。その体験から㊌のハンコを見ただけで分かったのである。

およそ軍隊の中で動物相手に日がな過ごす兵科は輜重輪卒しかいないだろう。第一線で銃弾が飛び交う中でも馬から離れることはない。輪卒には駄馬と輓馬の区別があって、駄馬は馬の背に荷物をつけて運ぶ。輓馬は馬の尻に車をくくって引っ張る。いずれにせよ輪卒は馬にも乗れないまま、五里も十里もてくてく歩くのだ。

兵士はもっとも自然に接することが多い職業だ、と言われるが、輜重兵はその中の筆頭格といっていい。安田の父は、うす暗い土間に佇んだまま情けない顔をする。親子二代同じ輪卒として召される巡り合わせに心なしか暗い顔をした、と水上は一節で述べている。

生命力湧き立つ馬との日常

昭和十九年五月は、敗戦約一年三カ月前のことで、アメリカはすでにサイパン島に迫っていた。水上勉（小説中では安田万吉）は、前年に松守敏子と最初の結婚をし、敏子が身籠っていた。

入営した中部第四十三部隊（京都市墨染町）の営庭で、安田万吉ら新兵が整列すると、背の低いずんぐり肩の中隊長（中尉）が現われた。

「少尉、見習士官、下士官がならび、一人が『敬礼』と叫んだ。やがて長靴《ちょうか》を履《は》いた軍曹が新兵たちの前に出て『本日から藤田がお前らの命をあずかる。輓馬及び駄馬の馭術《ぎょじゅつ》其他規定の動作を習熟するため、輜重特務兵の任務についたのであるゥ』と言い放った。その翌朝から終日、馬の扱いを覚えさせられる日が続く」

村の教師生活の逼塞《ひっそく》感からみれば、辛くとも生きた馬との日常は、水上にとって忘れていた生命力を湧き立たせてくれた側面もあったようだ。

「藤田軍曹は、私たちを整列させて、中央の厩口《うまやぐち》を入った。

『これから教育兵に寝藁干しを教えるゥ』

と藤田はいった。

馬房内の寝藁がはこび出されると、私たちは、竹箒《たけぼうき》でたたきを掃き、寝藁がかわく間に、それぞれの馬房で馬の脚を洗ったり、腹をこすったり、とりわけ尻、肛門を清潔にした。つまり私たちは、本で習ったことを、はじめて馬に接して、実習した。

渡辺浩太郎と猿橋又平は、兵舎へ帰った時に、腑に落ちぬような顔つきで、

『馬という奴はかしこいもんやでェ。新兵と古兵をつかいわけよるわ……生まれてはじめて厩へいったわしらを驚かせよった。あれだけ根《こん》つめて寝藁を干したに、なぜ小便かけてしまいよったか、阿呆にしとるなァ』

といった。私とて同感であった。

『それにしても、二十頭の馬が、一どにしょんべんしよったんはなぜかいな。わしゃわからん……』

渡辺は何どもつぶやいていたが、そのうちいびきをかいて、寝てしまった」

輜重新兵の日常が楽なはずはないのだが、ここに描かれている一兵卒らの厩ばなしにはどこか救いがある。星ひとつの二等兵から絶対に進級することのない輜重特務兵の日夜ながら、細密に綴ったなかに生命感が溢れているからだろうか。

軍用馬にも赤紙が

森下浩という陸軍獣医中尉が、昭和十七年に書いた作品「馬の召集令」は、馬に来た赤紙をめぐる話である。

「軍用候補馬を飼つてゐるこの村に軍用馬の召集令が達せられた。
『春駒へ赤紙がたうたう来たバイ。仔馬から育てゝ来たのも、今日に備へたい為ぢやつたが、軍馬御用となりあこれでオリも本望だ』

菊池青年は、この馬が世話になつてゐた村の獣医さんや親戚に、自分に召集でも来たかのやうに狂喜しながらかう云つて愛馬の召集を知らせて歩いた。この馬の召集で、村は一段と戦争熱が高まつた。出発は愈々《いよいよ》迫つて来た。その前夜、菊池青年の家では誉《ほま》れの愛馬の為、さゝやかな祝事まで催した。そして、洗ひ清められた春駒号のつやつやしい鬣《たてがみ》の少しが、菊池青年の手で切り取られた。勿論それは愛馬の遺髪である。晴れの門出に馬装を飾つた春駒号の首には、御守袋に馬頭様のお守がしつかりと掛けられた。

『よか馬になつたバイ、のう春駒』

『おい、春駒。おまい軍馬にとられたなら、立派な手柄ば立てゝ来やんゾ。蔣介石てろば蹴殺して来い！』

村人達は一言づつ、重たげな口を開いてはなむけの言葉を春駒に贈つた」（『愛馬は征く』／抄出）

これは九州の一寒村で実際にあった情景だと、森下獣医将校は付している。

九州の村から送り出される馬がいる一方、北海道からも多くの馬が徴用された。

平成二十六年に百一歳で亡くなった佐藤友一郎氏は、昭和十一年から終戦まで「軍馬補充部十勝支部」で馬の成育と輸送に当たってきた。軍馬徴用に深くかかわった同氏のことが平成二十七年夏、「北海道新聞」に紹介され、さらに靖國神社社務所刊の『靖國』に引用されている。

「十勝支部には約二万五千ヘクタールの広大な敷地に、十数か所の牧場があったという。佐藤さんらは四〜五人で班をつくり、自給自足で馬を育てた。馬と一緒に列車と船を乗り継いで満洲にも渡った。船に乗せるには、馬を一頭一頭吊り下げなくてはならず、往復で半年ほど掛かる行程を計五回も繰り返した。戦局が激しさを増すと農耕馬も徴用されるようになった。人馬一体となって戦った兵士達にもさまざまな思いがあるように、馬を戦地へ送り出した側にもさまざまな思いがあったろう」（『靖國』平成二十七年十月）

私などは戦後文学のなかで、いかに日本軍の内部が非人間的で残虐だったかというような記憶を刻印されてきた世代の一人だ。けれども、こうした馬を通した記録のなかに、紋切り型ではない戦争文学を見出せるのは嬉しい再発見だった。

第五章　テンノウサマの馬が泣いている

長江南岸の作戦中、人馬ともに同じ泥水をすする。昭和14年秋。（『蹄のあと』より）

天皇陛下の御分身

軍隊では、支給されたものはすべて天皇から下賜《かし》されたものと心得るべしとされた。小銃や被服は当然のこと、鉄カブトや水筒から靴紐にいたるまで鄭重《ていちょう》に扱うよう新兵は厳しく教育される。

なかでも、菊の御紋章が刻まれている三八式歩兵銃は、御分身中の御分身だった。チリでも付いていれば大変だ。「天皇陛下からお借りしている大事な銃を汚した」として、上官からビンタを飛ばされるのがオチだった。だが、菊の御紋章があるからといって、命が助かるわけではない。

戦争文学には、下級兵士が「天皇陛下の御分身である」と叩き込まれる話が嫌というほど登場する。ビルマ、雲南などで万年一等兵として兵役に就いていた作家・古山《ふるやま》高麗雄《こまお》（一九二〇～二〇〇二）は次のように書いている。

「軍隊で支給されるものには、員数のあるもの、と、員数のないものとがあったが、たいていのものは、員数のあるもの、であった。員数のないものと言えば何があっただろうか？　軍隊では、縫針と糸が支給されたが、縫針は員数のあるものだったが、糸は員数のないものであった。糸だとか、保革油の缶も、メンコも、すり切れた靴下も、すべてアラヒトガミのブンシンなのであった」（『龍陵会戦』）

ここで言う「メンコ」とは、兵営で配給されていたアルミニウムの食器のことである。「星の数よりメンコの数」などとも言ったが、長く食器を使った古参兵が、星の順列とは別に「古参兵殿」などと上級の者から呼ばれる場合があったことを指す。

「天皇陛下の御分身」として銃の次に大切にされたのは、おそらく馬だと思われるが、その馬の運命こそ明日をも知れぬ過酷な道を辿った。「お前らは一銭五厘で召集できるが、軍馬は多額の費用を要するのだから大切にせよ」と新兵たちは教え込まれた。だが、御分身の命は皮肉なことに常に風前《ふうぜん》の灯《ともしび》であった。兵より大切と言われながら、消耗度は兵に劣らない。

これから、そうした兵と軍馬の物語を幾例か紹介したいと思う。文意を損《そこ》なわない範囲でときに文章を省略しながら引用せざるを得ないが、それでも少々長くなる。ご勘弁いただきたい。まずは前章でも紹介した輜重《しちょう》特務兵の手記である。

愛馬羽月《うづき》の哀願

「一刻を増すごとに我々の危険は濃くなる。それは友軍の最後尾との間隔が開くからである。夕暮ともなるとその後姿は視界から遠のく。味方は遠のき、孤独の我々は敵地に残される。道は一筋であるから迷うことはなかろうが不安は増す。

ふと、前方より黒い人影が近づいて来た。それは山本千作代班長が我々を探して後戻りしてくれたのである。その時は地獄で仏に逢ったような有難さを覚えた。助かる。班長は怒気を含んで、

『どうしたんだ、元気を出せ。敵は後方にいるんだぞ』

『班長どの、歩けんです。どうしても駄目なんです。昨夜から下痢をして腹は空っぽのせいと思います』

『馬に乗れ、元気を出せ』

班長は有無を言わせず私を抱き上げ、愛馬羽月の荷物（弾薬庫）の上に乗せて手綱《たづな》を握って歩き出した。

嗚呼《ああ》、これで助かった。だが、よたよたした羽月は可哀そうだ。馬に乗らないで進む方法はないものか、馬よ許せ。八十キロの重量が更に増加されて倒れやせんかと、

その方が心配になってきた。果たせるかな足どりは折れそうである。五分位も乗ったであろうか、羽月が頭を左にまげて私の前足を咬《か》む。また暫《しばら》くするとまた咬むのである。はてな、私は初めの中《うち》は珍しい事をするな、今まで咬んだことのない馬であったが、と思って観察すると、憐《あわ》れなまなざしでその表情には願いがこもっており、咬む仕草も軽くて鼻を当てる程度である。『おりてくれ』の泣訴哀願《きゅうそあいがん》なのである。なるほど、判った。そうであったか。馬も、もの言う、馬の目にも涙。テンノウサマからいただいた羽月が泣いているのだ。これは真実だ。

羽月も体力がトコトンまで来ているな、この馬が倒れれば再起できないであろう。転ばぬ先の杖だ、何千発の弾薬が輸送力を失う。この状態を感知した私の判断に間違いはあるまい。一刻も早く降りねばならぬ。

『班長どの、馬も倒れそうだから、降りて歩いてみます』

『じゃ、そうすっけ』

私は馬から降りて泥道を歩き出した」（吉田 庚《かのえ》『軍馬の想い出』）

班長とは分隊（基本は十二名編制）の下、陸軍では最小単位の数名を指揮する呼称で、通常は伍長（まれに軍曹も）が受け持った。班が二〜四個集まると分隊（長は伍長または軍曹）となり、五十人ほどで小隊（長は少尉）、さらに中隊（長は大尉、まれに中尉）、大隊（長は少佐、まれに大尉）となるのが部隊の編制基準である。少尉以上が将校で、准尉《じゅんい》は准士官。曹長、軍曹、伍長が下士官、兵長以下を兵と呼んだ。

馬が「下士官・馬・兵隊」と位置づけられていたとすれば、少なくとも伍長か軍曹あたりだったということか。輜重輸卒が、愛馬の背に八十キロの弾薬を積んだうえに、自分も乗らざるを得なくなったときの心情たるや察するに余りある。二等兵と馬ではまるで格が違う。

「テンノウサマからいただいた」馬も泣いているが、一方で兵も泣いている。次に紹介する例は、行軍していた新聞記者出身の歩兵が観察したある輜重兵の姿である。

ある輜重兵と馬の眼

「砲兵陣地がすぐうしろの竹林にあるので支那軍の迫撃砲はよく見舞つた。雨が蕭々《しようしよう》と降りしきつて、竹林には砂煙が低く這《は》ひ、クリークにそうた道はどろどろになつて歩くのにすべつてはすべつた。

僕は僕たちの宿営してゐる民家の入口にしやがんでこのどろんこ道を往来する輜重の一隊の労苦のはねあげる泥を頬ぺたにくつつけて眺め入つてゐた。——雨にぬれて馬と輜重特務兵の行列がつづく。馬の顔はまつたく長い。馬の眼はしよんぼりと善《よ》ささうな性質をみせてゐる。どの馬も重い荷物をつけて痩せて鞍《くら》ずれした皮膚が蒼黄色《あおきいろ》く化膿してゐる。それでも馬は黙々とどろんこの中を行く。

跳弾（引用者注・何かにぶつかって跳ねた弾）がその馬の一匹に当つた。長い首に当つたのである。馬はうめいてもろくもざさりと倒れた。死んでゐた。泥が馬になすくつて、うしろにつづいてゐた馬はつと立ちどまつたがまた黙黙と歩き出した。倒れた馬をひいてゐた特務兵だけが馬の死体によりそつて、ぬかるみの中に膝をつき、首輪をはづし、荷物をとつて、長い首を撫でて吐息をもらした。雨にぐしやぐしやとぬれた頬に涙のしよつぱいのもまじつてゐたことだらう」（松村益二『一等兵戦死』）

四章（▽歩兵と馬）でも触れたが、「鞍ずれした皮膚が蒼黄色く化膿してゐる」という症状は「鞍傷《あんしよう》」といって、鞍の圧迫や摩擦によって背部や鬣《たてがみ》の後ろの肩甲骨にあたる部分に生じる創傷のことである。野外行動が長引いて体力が衰え、また降雨などによって馬具が硬直したところへ重い荷物を載せたときに多発する。馬の戦力を著《いちじる》しく低下させる症状であった。

先に引いた『軍馬の想い出』を含め、輜重兵の記録や小説家による文学は、すべて戦後だいぶ経ってから発表されたものばかりである。

けれども、『一等兵戦死』は昭和十三年に出版されたもので、しかも戦後になってGHQから焚書《ふんしょ》の対象に指定されたいわくつきの作品だった。

なぜこのような作品が焚書になったのかよく分からないが、他の部分を読むと、当時の支那の農民など非戦闘員に注ぐ日本兵の優しい眼差《まなざ》しが随所に描かれている。連合国の一員である中国国民党にしてみれば、東京裁判の〝趣旨〟(残虐な日本兵)に反するのできわめて都合が悪いと判断したのではないか。

それを評論家の西尾幹二氏が発掘し、『GHQ焚書図書開封』(徳間書店)に収録したものだ。このほど完結した全十二巻の同シリーズの三巻で、西尾氏は次のような説明文を付している。

「この人は一等兵ではあっても新聞記者ですから、いわば知識人です。いまの文章からお感じになられたと思いますが、動物に対して温かい気持ちをもっていた人のようです。戦場にあっても人や生き物に対して温かい眼差しをもっています。あるいは、悲しみのようなものにも目を向けている人です。だから、本に収められた文章を何篇か読みまして、これは反戦モノじゃないかと最初思ったほどです。

この本が刊行されたのは、前にも申しましたとおり昭和十三年ですが、昭和十八年か十九年だったら出版されなかったと思います。そういう一面をもった本です。そんな本が戦後になると焚書の対象にされたわけですから、なんとも妙な位置づけをされた本だなと感じました」

山野を越え、水溜まりを渡って砲を運ぶ
（『戦歿軍馬鎮魂録』より）

涙を呑んで別れる

もう一例、焚書になった輜重兵の支那事変参戦記を紹介したい。昭和十五年に平凡社から刊行されたものだが、これなどもなぜ焚書になったのかよく分からない。

「軍に輜重なくんば即《すなわ》ち亡《ほろ》ぶ、と云ふ言葉があるが、輜重が軍に必要であると同じく、馬は輜重に無くてはならぬものである。

トラックが沢山の荷物を積んで、幾台も疾駆《しつく》して行く傍らを、二、三俵の米などを積んで、而《しか》も一頭に一人の兵が附いて行く駄馬隊は、本当に間の抜けた様である。所が一度雨が降り出すとどうだ、もう自動車は半身不随となつて、駄馬の力を借りなければどうにもならなくなる。それぱかりではない、夜間隠密行動を必要とする場合、暗黒の中をヘツドライトをつけねば進む事の出来ない自動車が、其の目的にそはない事は云ふまでもない。重砲にしても、夜間に於ける牽引車の使用は、高い音響を立てるので秘匿《ひとく》行動には馬でなければいかぬ。

長途連続強行軍などでは、病気になつたり、外傷を受けたりして、歩行の出来なくなる馬も決して少なくない。さう云ふ場合には、荷を軽くしたり、百方手を尽して世話をし、近くに病馬廠《びょうばしょう》があれば入廠さすが、それがない場合にはどうにも仕方がなくなつて、其の馬の荷物一切を他の馬に分載し、遂に涙を呑んで別れるのである」

（杉村盛茂『馬と征く』）

　ノモンハン事件以降、機械化部隊の強化が急がれていたはずなのだが、依然として前線では馬が重用され続けていた。なぜかと言えば、わが国の自動車産業が未発達だったからだ。いまでこそ世界に冠たる自動車生産国だが、大東亜戦争時には適応しきれなかった。軍馬の主戦場となった中国大陸は特に道路が未発達で、しかも幾重にも連なる峻険《しゅんけん》な山河を越える行軍が多い。馬ならどうにか移動可能でも、自動車では泥道でたちまち立往生となり、主戦力にはなり得ない。

　ビルマ戦線に従軍した作家・古山高麗雄は、トラックの故障に遭遇したときの模様をこう記している。

「私の前を走っていたトラックのラジエーターから、突然湯気が噴き上がり、そのトラックが隊列を離れたのを憶えている。輜重隊の兵隊たちは、いすゞのトラックをいすゞちゃん、トヨタのトラックをオトヨサンと呼んでいた。いすゞちゃんもオトヨサンも、今のトラックの性能からは考えられないような粗末な代物《しろもの》であった。クランクを回してエンジンをかけ、三時間も走れば一時間くらいは休まなければオーバーヒートしてしまうのであった」（『龍陵会戦』）

こうした事情だから、軍馬なしの戦場は考えられなかっただろう。どの前線でも兵と馬との血肉を分け合う交流譚《たん》が生まれたのも、むべなるかなである。

土嚢《どのう》の代わりに――富士号

戦場で起きた数々のエピソードは、当時の少年少女向けの読み物としても刊行され、大いに人気を博したものだ。血湧き、肉躍るだけでなく、戦場に送られた動物たちの命がけの活躍が、少年少女の情操教育にも大いに貢献した。

昭和十三年発売、支那事変の前線における輜重特務兵と動物たちにまつわる実話集『将兵を泣かせた軍馬・犬・鳩武勲物語』（上澤謙二著、実業之日本社）の体験談からは、兵と馬との生々しい情景が伝わってくる（抄出）。

「偵察に出かけた福栄部隊の菊池軍曹は、愛馬富士《ふじ》号に乗つて、部下の兵士四名は徒歩で、鄒県府《すうけんふ》に近い村の細道を、うねりくねり進んで行つた。両側は畑。ところぐ〳〵に樹立《こだち》があつて、民家がチラホラしてゐる。けれども畑にも家にも、人影はない。戦の噂におびえて逸早《いちはや》く逃げ出してしまつたのだ。

突然、パン〳〵とどこかでひゞいたと思ふと、ブスツ〳〵と前後左右で音がした。

『敵弾だぞ！』

『伏せ〳〵！』立つてゐてはあぶないので、とにかくさう命令した。けれどもいくら伏しても、土塀はズツと高いので、のぞかれたら丸見えである。さうすれば狙ひ撃ちにされるのは分かりきつたこと。

その時である。バタリ、富士号が横倒しになつた。『やられたか』寝てゐた軍曹は半身を起して見た。が、身体中《からだじゆう》少しの異常もない、どこからも血の一滴も出てゐない。それなのに、いきなり横になつたのである。『銃声に驚いてひつくり返つたのか』と思つた軍曹は、もう一度声をかけた。『どうした、しつかりしろ！』

すると、富士号は前足と後足をウンと伸ばして、長〳〵と寝そべつたのである。それで一生懸命に撃つてゐる目の前がふさがつてしまつた。自然に銃をその上に乗せなければならなくなつたのである。『おお』軍曹は叫んだ。『お前が援護物になつてくれるといふのか』富士号は勿論《もちろん》何とも返事しない。

『おゝ、お前も死なばもろともと覚悟してくれたのか。有難う。それではお前の生命も俺がもらつた。済まないが、土嚢になつてくれ』

馬に向かつてさういつた軍曹は、部下を振り返つた。『おい、富士号が盾になつてくれるぞ』

四人の兵士は、富士号の体の上に銃を乗せた。軍曹は頭に、四人はそれ〴〵鬣《たてがみ》に、背の前部に、後部に、臀部《でんぶ》に。『この馬が身代はりになつてくれるのか』と思ふと、感激と感謝で、撃つ一発一発に魂がこもつた。だからどん〳〵命中する。けれども敵弾は雨のやうにバラ〳〵ふりかかつてくる。ヒユーッと一弾、身近く唸《うな》ると、富士号の鼻先からシユーッと血がふき出した。

『あツ』思はず軍曹は声を立てたが、馬はヒーンとも嘶《な》かない。そればかりではない、ちよつと頸《くび》を動かしただけで身動きもしない。少しでも動けば、五つの銃の狙ひがズレルことを、ようく心得てゐるやうである。

『おお、我慢してくれるのか、俺達のために――』『頼む、もう少しこらへてくれ』

『けしてお前だけを見殺しにはせんぞ』

さういひながらも、あまりのけなげさに、みんな目頭があつくなつた。けれども泣いてゐる暇《ひま》などない」

撃たれて走る——月池号

「隊長の号令の声も明るくなつて来た。『もうヤマは見えたぞ、撃つて撃つて撃ちまくれ』

森下上等兵は、駄馬月池号の手綱をしつかり握つて、前方を睨んで立つてゐた。月池号の背には機関銃が乗つてゐる。森下上等兵も、月池号も同じ石川県の出身である。金沢で会つて毛付となつて以来、いつしよに汽車に乗り、船にも乗つて、戦地(河北省から山西省)へやつて来たのである。

『月池よ、見ろ、敵はどん〳〵逃げて行くから、もう俺達にも進撃命令が下るだらうよ。しつかり用意して』

さう言つたその時である。ドドドーツと物凄《ものすご》い音とともに地響きがして、身体がユラ〳〵としたかと思はれた。ずーんと唸りを生じて色々な物が吹つ飛ぶ。砲弾がすぐそこに落下して、破片が四方に散つたのである。『あツ』と言ふ間もない、前に立つてゐた三名の兵士が倒れた。『やられたツ、天皇陛下万歳！』『どうした、しつかりせい』と言はうとした刹那《せつな》、手綱が強く曳《ひ》かれた。おお、月池号も、後足を地上につけて、前足を空に上げてゐる。『おツ、お前も？』驚いて傍へ寄ると、手綱が緩んだので馬はバツタリ地上に伏した。腰のところからドク〳〵と湧くやうに血が流れ出した。月池号は頸を伸ばすと、天を仰いで、一声高く嘶いた。ヒヒヒーン！

急いでガーゼを傷口へ押し込んで、絆創膏《ばんそうこう》を貼りおさへると、ラッパが鳴り響いた。進軍ラツパだ。すぐ進まねばならぬ。ぐづ〳〵してゐれば遅れる。一刻も猶予はならぬ。『月池、さぞ痛からうが頑張つてくれ、お国のためだ、ご奉公だ。もう一息走つてくれ、頼む、頼むぞ』

さうして手綱を曳くと駆け出した。腰に痛手を負つてゐる馬は、立上がるのさへむづかしい。それが重い機関銃を背負つて、駆けて行くなどとは――夢にも思へない。けれどもこの場合は、かうするよりほかに方法はなかつた。すると、どうだ。機関銃を背負つた月池号は駆け出したのである。

弾丸は左右に落ちたが、一向に当らない。畑を通つて、野原を抜けて、前方の丘の上まで駆け上がつた。急いで機関銃を背から下ろすと同時に、月池号はヒヒヒーンと一声低く嘶《いなな》いたが、屏風を倒すやうにバッタリ倒れた」

「駄馬月池号の手綱をしつかり握つて」というから、月池号は駄馬、すなわち食糧、弾薬、機関銃などを背に乗せて行軍する馬である。低身ながら逞《たくま》しい筋力と我慢強い温良な性格を備えた馬だったのだろう。「金沢で会つて毛付となつて以来」という「毛付」とは、本来は馬の毛色を帳簿などに書きつけることを言うが、軍隊では転じて馬の担当（持ち馬）になることを意味した。

また、「首までつかる河を渡つたりした」月池号も、泳ぎは得意だったようだ。たいていの河なら馬は訓練しなくても泳ぎ切る。時には逆流に抗し、急流を横切るなど、兵に率先して範《はん》を垂《た》れるほどの泳力があるとされる。重い火器や食料などは小舟に移すか仮橋で運び、鞍などの装具も外して泳がせた。

ただし、クジラではないのだから、沖合の海で泳ぐのは不可能である。池部《いけべ》良少《りょう》尉のところで述べたが、沈没した輸送船の船底にいた馬ほど哀れなものはなかった。

三十頭一斉に
「『どこまでつづくぬかるみぞ』

『今度曲がつたら、ぬかるみはなくなるぞ。しつかりしろよ』

馬を励ましながら曲がると、あゝ、又ぬかるみだ。『しつかりしろ、しつかり！足を上げて、うんと、そら、ハイ〳〵、ハイツ』あつちにも、こつちにも声が起こる。

それは北支津浦《しんぽ》線に活躍する北上部隊輜重隊の三十名の特務兵と、三十頭の駄馬である。

『前線の弾薬乏《とぼ》し、至急補充されたし』との報告を受けて、すぐに積んで出かけたのである。ところがこの悪路である。なか〳〵思ふやうに進まないばかりか、うつかりすると泥の中に沈んで、そのまゝにつちもさつちもいかないやうな気がする。

ヒヒーン、ヒヒーン――。馬は声を立てる。それは嘶くのではない、唸つてゐるのである。嘆いてゐるのである。

『えツ、こらツ、しつかりしろ』

両手に力を入れてウンとつきとばすやうにもとの姿勢に戻す。戻された馬は、轡《くつわ》

工兵が作った仮橋を征く輜重隊。馬は泳いで渡河した
(『軍馬の戦争』より)

を曳かれるままに又努力して足をあげる。そのけなげな様子を見ると、涙ぐましくなる。

やがて銃砲声がかすかにひゞいてきた。『ほら、聞こえ出した。もう近いぞ』

伍長の言葉に、みんな元気が出て来た。馬もそのことが分かつたと見える。たしかに元気が出てきて、足取りは活発になつた。

ひらひらと日章旗がみえた。『あゝ、たう〳〵来たぞ』伍長がをどり上がつて叫ぶと、つづいてみんな叫び出した。『やア、来た〳〵』目の前にポツカリ、三つ並んだテントが現はれた。『ウワーツ』鬨《とき》の声を聞きつけて、テントの中から兵士達が飛び出して来たが、同じやうに叫び出した。『ウワーツ、なんて大変な汚れ方だ』『おお、よく来てくれたな』『来られまいと思つてゐたぞ』

『何かしようか、ひつぱらうか』

『いや〳〵、それは有難いが、それより水を用意して下さい。この馬達に』

『あゝ、馬にか、はい、よろしい』さういつて駆けてゆきながら『自分たちより先づ馬に』といふ。

『それ、水、水‼』支那の土鉢や、桶や、それに鉄カブトを逆さにしたり、色々な容器に汲んできた最上の御馳走が差出されたが、どうしたものか、すぐには飲まない。

『ほら、水だぞ、御苦労だつたなア、早く飲んでくれ』

いひかけると、馬の身体は突然烈《はげ》しく地震にでも揺られたやうにユラ〳〵と動いたが、バターリ倒れた。隣でもバターリ、こつちでもバターリ、バターリと相談でもしたやうに三十頭一斉に倒れたのである。

『東雲《しののめ》！』『山城！』『仁公《じんこう》！』

みんな狂気のやうになつて、自分の持馬の名を呼びつづけた。

次から次へと息が絶えて、三十頭は一頭残らず、そこに並んで横たはつてしまつた。

さうして目をしばたゝきながら、一頭〳〵の前に立つて、挙手の礼を捧げたのである」

馬は普段でも、演習から帰ると必ず大量の水をやる。兵はどんなに疲れていても、まず馬の水飼い（水やり）が先だった。元来が草食動物なうえに、軍隊では穀類を与えて使役《しえき》していたので、水不足になるケースが多かった。疝痛《せんつう》といって、いわば馬の便秘のような病気になり、死に至ることも多いのだ。

三度身代わりになる――さなか号

「『いよ〳〵お前ともお別れだ』

話しかけてゐるのは雨貝一等兵。相手は？　と見れば、一つの墓標である。つぶつてゐた目をあくと、『愛馬さなか号之墓』と記した文字が、射るやうに目にしみる。つぶつた瞼《まぶた》の裏には、まざ〴〵と三つの光景がよみがへつてきたのである」

（一）

「山西省の或るところであつた。村のうね〳〵道を、戦友三人と山砲を曳いて、本隊への帰途を急いで行くと、真先に立つた雨貝一等兵の馬が、何かにつまづいてバタリツとよろけた。『どうした？　しつかり』一等兵は声をかけて手綱を引きしめた。途端にヒユーツ！　右の方から一弾が倒れた馬の顔をかすめて飛んだ。『敵だぞ』キツとその方を見ると、そばの土饅頭の蔭に人影がチラチラした。『敵だ！』一等兵が叫んだ時、又パラ〳〵と撃ちかけられた。『追ふな、それより一刻も早く隊へ帰らう』すぐ砲車のところへ戻つて、馬に声をかけた。

『さア、ハイ、ハイツ』が、あとで考へると、その際のことが不思議でならない。もしあの時、さなか号がつまづかなかつたら、自分は確かに頭を撃ち抜かれたに違ひない。さうして今頃は土の中に入つてゐたに違ひない。よくつまづいてくれたといふものだ。

一等兵は馬の鼻づらを撫でながら、しづかに言ふのである。『お前は、敵が撃たうとしてゐることを感じて、あの時わざとつまづいたのか』けれども相手は、黙つてゐる」

（二）

「それは河南省の或るところを猛進軍中のことであつた。隊の真先に立つたのは、雨貝一等兵とさなか号であつた。『早く〳〵、一刻も早く前線へ』隊長は躍起となつてどなる。突然、さなか号はピタリととまつた。『こらツ、どうした』手綱をウンとひつぱつたが動かない。

その時である。ダダダダーツと凄まじい音が起つて、弾丸がにはか雨のやうにそそいできた。と——さなか号はいきなり前のめりになつた。前足を撃たれたのである。『敵だツ』叫んだ隊長は『ここで襲撃されたら全滅か』と思つた。鉄砲を持つてゐない砲兵は、手許へ敵に飛び込まれたらどうにもならないからである。すると遥かうしろの方で、ウワーツといふ鬨《とき》の声と同時に、ダダダダツと銃声が起つた。おお、それは友軍だつたのである。かくて一隊は、さなか号が傷ついたゞけで、他は無事で前線へ達して、その日の戦闘に参加して、目ざましい働きをしたのである。もし、あの時にさなか号が止まらなかつたら、事だつた。

『そりやア、隊の真ん中に一斉射撃で撃ち込まれたら、死者も負傷者も随分出たたらう』『さなか号がとまつたばつかりに、そんなこともなくて済んだ。

『しかし、ふしぎだな。あの馬は敵が待ち伏せしてゐたことが分かつたのかな』隊長は感に堪へない面持で、首を振つた」

戦闘の骨幹を成すのは砲兵だという。だが、それは敵陣に侵入できて砲撃を開始してからのこと。それまでは馬に頼るしか手立てはなかった。

（三）

「黄河を渡つて曹州《そうしゆう》城を攻撃した時であつた。敵は堅固な障壁をたよりに、機関銃、迫撃砲をつるべ撃ちに出す。味方もこれに応戦する。城のまはりは何メートルかの間は、火の海、血の海、煙の海だ。

だん〳〵敵弾が飛んでくる。『気をつけろ、いゝか、ハイ〳〵』いたわりながら急がせて行く。『危ない、ちよつとどこかへ』と言つた時である。

ヒユーッと一弾飛んでくると、さなか号はバッタリその場に倒れた。『おいツ』一等兵は自分が撃たれたやうな気がして、カツとなつた。駆け寄つてかゝへるやうにしたが、見ると胸が真赤になつてゐる。『しつかりしろ、さなか！』呼び掛けたが、重症である。急いで水筒を開けて水を出すと、ゴクン〳〵と音立てて飲んだが、一等兵の顔をじつと見つめた。さうしてたう〳〵ガツクリ首を垂れてしまつた。

あとで考へると、又その際のことも不思議でならない。もしもあの時、さなか号がゐなかつたら自分は確かに胸のあたりを撃たれてゐたに違ひない。あゝ、あれは三度も俺の身代りになつてくれたのだ。

雨貝一等兵はさなか号を手厚く葬つて、棒杭《ぼうぐい》を立てて墓標にした。それで今、お別れの挨拶に来たのである」

曹州とは現在では菏沢《かたく》と名を変えた山東省の古い都市。この部隊はおそらく天津方面から南下して黄河を渡り、山東省へ進出したものと思われる。軍馬は黄河をどのようにして越えたのだろう。支流なら工兵が架けた仮橋の上から輜重隊が歩きながら手綱を取り、馬は首までつかりながら泳いだであろう。

本流なら船に乗せても、渡るにはなお危険な暴れ河だ。おそらく昭和十三年夏の出来事と思われるが、この頃はまだ粗末ながら、馬の墓標を立てられる時代だった。昭和十七、八年以降になると、それも叶わない。戦没馬の墓標すら立てられない、逼迫《ひっぱく》した戦況が続くのだった。

第六章　前線の軍馬はどう記録されたか

渡河に苦労する輜重兵たち。昭和 15 年、宜昌作戦にて
(『蹄の迹』 より)

馬への依存度

日本軍では機械化が喫緊《きっきん》の課題だったにもかかわらず、自動車の生産が大きく遅れていた。原因にはさまざまな理由が挙げられよう。部品等の資源輸入供給に限界があったこと、国内産業保護のためにアメリカの自動車会社への課税強化をしたため日本国内から総撤退したこと、工業生産力の貧弱性などがまず考えられる。

加えて、工業生産は軍艦、空母などの船舶、航空機、戦車、火器などが最優先され、自動車は後回しにされがちだった。日本陸軍がともすれば速戦即決の精神主義を重んじ、一方で、兵站《へいたん》を軽視する傾向があったことがソフト面の敗因となっていたことは否《いな》めない。わが国では豊田、日産、いすゞ（東京自動車工業）がトラックの生産をしていたものの、自動車部隊による輸送は中国大陸では実効性が薄かった。砂塵《さじん》が舞い、雨で道路が泥濘化《でいねいか》するという悪路との戦い、支那兵による地雷敷設、エンジン故障など理由を数え上げればきりがない。

アメリカだけが他国より遥かに進んでおり、当時の戦車のエンジンはフォードが最大の供給源となって圧倒していたのが実情だ。一方の日本軍は、兵員、物資の輸送に徒歩行軍を多用、輸送手段としては輓馬《ばんば》、駄馬《だば》に大きく依存せざるを得なかった。

馬の積載重量と軍用トラックを比較してみよう。トラック一台の積載量が約一千五百キログラムだとすると、輓馬は一頭で約二百キログラム、駄馬は約百キログラムという統計がある（山田朗『兵士たちの日中戦争』）。

こうした状況下で軍を編制すると、兵と馬の構成比率はどうなるか。一例ながら、歩兵連隊の編制表（昭和十六年度陸軍動員計画令に基づく）によれば、常設編制（甲師団という）では、歩兵五千五百四十六人に対し、馬一千二百四十二頭、臨時編制（乙師団）では、歩兵三千九百二十八人に対し、馬六百九十三頭である。これだと、馬一頭に対する兵の割合は、それぞれ四・四七、五・六七という比率である。

蹄鉄はひと月に一回（『戦歿軍馬鎮魂録』より）

野砲（野戦で使う口径七十五ミリの一般的な大砲）連隊を備えた師団における輜重《しちょう》兵連隊の常設編制を見てみると、三個中隊編制の自動車大隊を加え、兵一千八百十三人、馬九百五十頭となり、馬一頭に対する兵の割合は一・九一と馬の比率がぐんと高くなる。さらに山砲（野砲を軽量化して分解して運べるようにした砲）師団の輜重兵連隊常設編制を見ると、兵三千五百九十三人、馬二千六百七十八頭となり、馬一頭に対して兵は一・三四と一層馬が多くなる（森田敏彦『戦争に征った馬たち』）。

また、日本陸軍が保有する自動車数（主としてトラック）は、昭和十四（一九三九）年に二万九千台、昭和十五年、十六年にはそれぞれ四万四千台に増加するものの、その後は昭和十七（一九四二）年三万六千台、十八年二万四千台、十九年二万二千台と落ち込んでゆく。

ちなみに、トラック一台あたりの兵員数を日米で比較した数字では、師団平均で日本軍はトラック一台に兵四十九人に対して、アメリカ軍はトラック一台に兵十二人という大差がついていた（大塚四千男『太平洋戦争期日本自動車産業史研究』）。

煩瑣《はんさ》な数字を並べて恐縮だが、日本の軍事産業の「発達」にもかかわらず、わが陸軍の武器、弾薬、糧秣《りょうまつ》（兵と馬の糧食）輸送は、ほとんど馬に頼るほかなかったという実情が、これでお分かりいただけよう。

政府も手を拱《こまね》いている場合ではなかった。農林省馬政局、陸軍省馬政課を督励し、軍馬の活躍ぶりの報道、少年少女への愛馬精神普及の絵本刊行などを主導した。日本馬事会や軍用保護馬鍛錬中央会といった組織を通じ、軍馬の軍事郵便絵葉書、画報『愛馬の日』（日本馬事会刊）、軍馬ポスターの頒布など多岐にわたる宣伝作戦が実行されたのも、この時期だった。

自動車の生産が低迷するなか、前線では馬だけが頼りだった。その結果、これまでもさまざまな手記などで見てきたように、兵にとっては想像以上に馬の世話が大きな比重を占める結果となった。秣《まぐさ》や疾病《しっぺい》、怪我への対応が、兵自らの食事や休息より優先されたのは、軍隊内では当然のことだった。そのような環境から、「輜重輪卒が兵隊ならば、蝶々トンボも鳥のうち」とか、「下士官・馬・兵隊」といった悲哀と諦観《ていかん》の混じり合ったような生活感情が自然に生まれたのであろう。

記録された軍馬たち

第一線の兵士と馬の情報は、内地の新聞にどのように伝えられていたのだろうか。以下は、『大阪朝日新聞』や『信濃毎日新聞』から抄出した記事の一端である。

［軍馬にも大和魂］

「上海全市の完全占領に息つく間もなく僅か五日間にして約五百キロへだてる蘇州を突破せんとしてゐるが、前線部隊を背後から助けてゐる大小行李《こうり》の弾薬糧秣輸送隊の苦心は、涙なしに眺めることが出来ない。

遂には三日三晩寝もやらぬ行軍をつゞけた輜重隊は相当の部隊数にのぼつてゐるであらう。さらにこの勇敢なる輸送部隊の行軍になくてはならぬ多数の軍馬も長時間の労苦に疲労し切つてゐるが、優しいわが将兵にいたはられながら泥濘に長い脚を半ば没しながらぐん〳〵重い輸送車を曳《ひ》いて行く姿は『馬にも大和魂がある』の感を深くさせられた」（『大阪朝日新聞』昭和十二年十一月十九日）

［大休止の刹那《せつな》、絶命］

「炎熱の七十里、広東《カントン》急進撃には吉山部隊、島少尉も辛かつたが軍馬の奮闘ぶりは物いへぬだけに一層悲壮なものだつた。

広東へ広東へと赤い砂塵をあげて進撃していつた島部隊の軍馬も、夜に日をつぐ行軍に次々倒れていつた。バイアス湾（引用者注・広東湾、大亜湾）上陸の三日目ごろからすべての馬がゲツソリ痩せ、腰の骨が痛々しいまでにあらはれて、車を曳く足どりも覚束《おぼつか》ない。かいばをやりたくてもそのかいばがない。かいばどころか飲ませる水もない。あの峠を越せば水があらう、兵隊さんは馬の腹を抱へるやうにしていたはりながら進む。

行軍四日目、馬はよだれを流し始めた。発熱と苦しさうなあへぎ、急性肺炎である。やがて『大休止』の号令がかゝり車両が停まると同時にドサリと倒れたまゝもう馬は動かなくなつた。精魂尽き果てゝ『大休止』の命令とともに絶命するのである。

廣東攻略戦
軍馬にも"大和魂"
大休止の命令刹那に絶命
責任感に勇士も泣く
母と兵隊
伜の忠霊に相結ぶ奇縁

「大阪朝日新聞」昭和13年11月29日

再び行進開始のざわめきに、昏睡状態から覚めて起《た》ち上がらうとする馬もある。しかし所詮は駄目であつた。兵隊さんはたまりかねてバケツ一杯の水を戦友から貰ひ集めて飲ませてやる。馬は両目に涙をいっぱい浮べて嬉しさうに飲むが、これが末期《まつご》の水になることが多い」（『大阪朝日新聞』昭和十三年十一月二十九日）

［生まれ故郷に馬頭《ばとう》観音建立］

「新潟県中頸城郡美守村《なかくびきぐんひだもりむら》出身の砲兵上等兵中川正晴君は、穴浦部隊に応召し愛馬『呂京号』と共に北支山岳地帯に転戦幾月。戦闘で敵小銃弾のため呂京号は足部貫通銃創を受けるに至つたが、看護によつて全快し、共に戦線を馳駆《ちく》した。しかし、昨年五月十四日、再び敵砲弾の炸裂により全身十六ケ所に負傷し、獣医からは再起不能とまで言はれたが、同上等兵の手厚い看護に再度の傷も癒えて三度《みたび》戦場に立てるやうになつた。爾来《じらい》愛馬は数十回の戦闘に参加し武勲を立てゝゐたが、さる二月、ある頑敵《がんてき》を猛撃してゐる時敵小銃弾はこの無言の勇士に命中し、ドツト倒れたまゝ護国の華と散つたのだつた。愛馬に先立たれた上等兵は肉親の死別以上に悲しみ、呂京号のために墓を建てゝ貰ひたいと、村長関口直諒氏に『私は呂京号の首にすがりシツカリシテクレと大声で励ましましたが、彼は恰《あたか》も人間の如く眼から涙を流しつつ絶命しました。呂京号は二十三歳の老馬ですが、去る上海事変にも出征して名誉の負傷を受けています。どうか彼のために墓標を建てゝやりたいと思ひますので是非御尽力を願ひます』と軍事郵便の中に呂京号の鬣《たてがみ》と金五円を添へてきた。関口村長も感激され、村の事業として馬頭観音を建立する事となつた」（『信濃毎日新聞』昭和十四年四月七日）

［軍馬にも千人針］

「北支中村部隊武田敏夫輜重兵一等兵は、大阪浪速区の国防婦人会・大平かくさんの娘で当時小学校五年生繁子さんから、真心こもる可愛い慰問袋と手紙を受取つた。大平かくさんは彼の出征の時、駅頭でお茶の接待をしてくれた一人だつた。その娘さんがお菓子や日用品で膨らんだ手紙と共にくれた手紙には『兵隊さんと苦労を共にしてお国のためにに働いてゐるお馬のお守りにしてやつて下さい』と書かれており、立派な千人針が届いた。

人一倍馬好きな同一等兵は繁子さんの心づくしに涙を流して感謝、早速この千人針を愛馬『出南号』の首に掛けてやり『お前も兵隊さんに負けないやうしつかり手柄を立てるんだよ』といひ聞かせてゐる。

記者が現在は葦原小学校高等科一年生の繁子さんを訪ねると、頬を赤らめながら語つた。

『あの千人針は同級生の橋本昭子さんと一緒に南海高島屋の前に二日立ちつゞけてつくつた物です。私たちが、かうして安心して通学できるのもみんな兵隊さんやお馬の

お蔭だと思ふと心から慰問せずにはゐられません』」（『大阪朝日新聞』昭和十四年四月二十四日）

軍馬の武勲に関する報道は、ここに取り上げたのはほんの一例に過ぎず、連日のように各紙が競って取り上げている。また、「軍馬にも千人針」に書かれた「国防婦人会」は、大阪の庶民を幅広く会員に持つ組織として昭和七年から銃後《じゅうご》活動を推進。

一方、東京では義和団事件（北清事変）以後、上流婦人を中心とした「愛国婦人会」が全国的規模で発足していた。九段の本部では月刊雑誌『愛国婦人』を発行、愛馬精神育成にも積極的にかかわった。一例を引こう。会員の投稿欄「談話室」に掲載された「軍馬からの御礼状」という一文だ。

和歌山県のある主婦会員らが町内で協力し、料理で余ったニンジンの葉を陰干しさせた。後日集めるとひと山にもなったので、郷土部隊の軍馬宛に送ったところ、戦地の軍馬から礼状が届き感激したという。その軍馬からの礼状である。

「前線には、私どもの食べる青物類は絶対にありません。又、野の草も食べると伝染病になるさうで、草のむしり喰ひも許されません。

戦地で和歌山の青草を思ひ出して、喉を鳴らしてゐましたら、はからずも大好物の人参《にんじん》を沢山送つて頂いて夢かとばかりに喜び合ひました。戦線には人参の蓄へも少なく、平常は勿体《もつたい》なくてほとんど口にしません。お蔭で俄然元気が出て参りました。この勢をかつて、敵軍の中をあばれ廻つてやります。岩佐部隊・軍馬代表」(『愛国婦人』昭和十四年十月号)

馬の戦死は悲劇だが、その悲しみを共有する村人たちが馬の墓を造る。あるいは百貨店の前に立って、少女が軍馬のために千人針を作る光景を瞼《まぶた》に浮かべてみると、悲命の戦死の奥に日本人だけが持つ豊かな情感が伝わってくるのである。

前章では少年少女向けの読み物として、上澤謙二著『将兵を泣かせた軍馬・犬・鳩武勲物語』のなかから何話か紹介した。ここで拾ったような新聞記事は、より広範な読者層にインパクトを与える情報として効果を挙げた。

単に「戦争美談」として読み進むだけでなく、改めて軍馬の運命に身を寄り添えてみるのも、また歴史の面白さと言えようか。今回は紙幅の関係から紹介しきれなかったが、このほかに小津成郎『愛馬読本』(大日本雄辯会講談社、昭和十六年)、『支那事変愛馬美談』(昭和十六年、ただし鵬和出版による復刻版・昭和六十一年)、『軍馬美談佳話第二輯』(帝国馬匹協会、昭和十三年)などに目を通すことができた。

ある病馬廠《びょうばしょう》部隊の記録

支那事変から大東亜戦争に至るまで、陸軍の輸送力は、いままで見てきたように馬を主体に編制せざるを得ないのが実情だった。

日清・日露戦争まで合わせれば百万頭とも言われる軍馬が動員されたのだから、馬の疾病、戦傷の手当てをする病馬廠は必要不可欠な部署である。だが、たとえ疾患癒《い》えて部隊に戻れたとしても、馬を待っていた運命は過酷なものだった。

出征した軍馬はすべて現地で戦死または放置され、日本への帰還を果たすことはできなかった。昭和十五年二月、唯一上海から凱旋帰還した「勝山号」は、陸軍大臣の褒章受章などもあっての特殊例であり、本来の軍馬帰還に数えることはできないだろう。

軍馬の未帰還は、もちろん敗戦時の混乱が大きな原因だが、ほかにも理由はあっ

た。雑誌『偕行』の発行・編集に携わってきた軍事史研究家・大東信祐氏は、

「帝国陸軍の編制は、輸送力としては当時の日本の自動車の普及状態から馬が主体であり、陸軍の『動員』においても大きな問題でした。外地に渡った多くの軍馬は、防疫・輸送力の問題点からすべて現地に残され、一頭も帰還しなかったと聞いています」

　と語っており、敗戦時の混乱から防疫問題と輸送力がまったく機能しなかったことが大きな原因だった。戦場で病気に罹《かか》ったり、戦傷を負った馬はすべて病馬廠へ送られ、治療・回復の措置が講じられた。病馬廠とは、どのような機能組織だったのか。

　ひと言で言えば、師団各部隊の軍馬および戦闘で使用される動物類の保健衛生を管理、司《つかさど》る部署ということになろう。一例として、「第三十三師団病馬廠史」（元同廠長獣医少佐・高橋威彦編集）による「病馬廠の任務」という文書から、その役割を見てみよう（抄出）。

「各部隊より送達される傷病馬の収容、診断、治療、回復馬の復帰及び兵站病馬廠への後送、出勤地に於ける軍用動物の悪疫、伝染病の予防、防疫――蹄鉄《ていてつ》工務兵教育、

装蹄競技会を催し、師団内蹄鉄工務兵の技術の向上を図り、作戦行動に支障なからしめるを任務とする」

軍隊調の文章でややいかめしいが、要は軍馬の病気を治して部隊へ戻す戦場の動物病院である。付随して、第三十三師団病馬廠の組織編制員数表が付いているが、なかなか充実した編制だと素人目《しろうとめ》にも分かる。三十三師団は仙台で編制され、通称「弓」兵団で知られた精鋭部隊だった。

部隊長（廠長）には少佐が就き、その下に三人の少尉獣医が配置される。庶務に准尉、兵長など三人、経理に兵長、上等兵などで五人、獣医務に曹長、伍長など下士官五名と兵四名が割り当てられ、車両（診療、運搬など）担当の上等兵が四名、衛生担当の曹長など二名のほか、一般兵二十名の編成をもって支那の前線へ出征した。もちろん前線でひとたび会戦ともなれば、これでも足りないほど多忙を極めたであろう。

その第三十三師団病馬廠は黄河流域での中原《ちゅうげん》会戦ののち、本隊を閉鎖して楡次《ゆじ》支廠へ合流し、ビルマ→インパール作戦へと転戦する。

第三十三師団には、ビルマ→インパール作戦へ転戦する部隊のほかに歩兵二個連隊を基幹とする砲兵、工兵を加えた部隊（第一梯団）が加わっており、馬を南方へ船舶輸送する苦心談を次のような関係資料で読むことができる（抄出）。

［ビルマ→インパール転戦］

「昭和十七年一月中支出発。中林少尉支廠長となり、北部ビルマ要衝地《ようしょうち》であるマニワに前進した。中小多数のパゴタが林立し、椰子《やし》、マンゴウ樹に囲まれた境内に本堂があり、ここに設営し、その近くに厩舎《きゅうしゃ》を設けた。開設と共に前線からの病馬が入厩してきた。鞍傷《あんしょう》、肢蹄《してい》疾病が多かった。又南方特有の蠅蛆症《ようそしょう》に悩まされた。傷口に産み付けたハエの卵はウジとなって傷口の内部へ食い込んでゆき、油断して摘出が遅れると大変なことになった。

師団蹄鉄工務兵教育隊が編制され、昭和十九年一月十七日より二月十九日まで実施される。病馬廠はインパール南街道四十八マイルの雑木林が密生する谷間の小川に沿って設営され、少し離れた林に馬を繋いでいた。

本廠における病馬の取扱いは大変神経を使った。敵機の爆音で放馬（引用者注・脱走の意）しない様に広く分散配置し、また多くの戦傷馬は治療が遅れ、油断すると蠅蛆症となり、暑さのために化膿も早く、蛆《うじ》は成長し傷口の内部へ食込んで行く速さに驚かされた。

　連日連合軍の飛行機は南街道の沿道一帯を旋回したり、一日中偵察飛行を繰り返し、人馬、車輛の影等、僅かでも発見したら銃撃した」（『偕行』平成九年八月号）

［熱帯へ軍馬の船舶輸送］
「昭和十六年十二月初め、北支の徐州に集結して南方作戦を準備していたわが第三十三師団（弓）が出発する時がやってきた。馬を搭載する船には獣医部将校一名と獣医務下士官二名が割り当てられた。『和蘭丸』という三千トンくらいの貨物船で、馬は約三百頭おり、責任は重かった。クレーンが馬絡《ばらく》（引用者注・馬を綱で抱え上げるもの）をかけた馬一頭ずつ釣り上げて、船口より船舶内に降ろす作業は手際よく進んだ。まずセオリーどおり病馬と弱馬を空気容積の多い艙底《そうてい》に入れた。輸送指揮官として指示を出したことは次のとおりである。
（一）馬の散髪について
　まず馬は冬毛がフサフサと伸びているので早く熱帯向きに短くしなければならな

い。ハサミ、ナイフ、バリカンなどあらゆる刃物を総動員して、トラ刈りでもよいから早く散髪をさせることにした。

(二) 換気について

狭い船艙内は温度と湿度が上がるため『蒸し風呂』のようになるので、換気については注意が必要だった。

(三) 飲水および飼糧について

水は船内では使用限度があり、兵隊も洗面用にはコップ一杯と決められているので、馬にも十分水を与えるというわけにはいかない。したがって、疝痛《せんつう》予防のためにも穀類は少なめにして、切りワラや干し草を十分与えるようにしたが、それでもこれから先の予定が不明のため満足する状態とはいえなかった。

(四) 運動不足について

馬は馬欄《ばらん》に一頭ずつ格納されているので身動きできない。馬欄内の前進後退運動はやらないよりはましだという程度に過ぎない。そこで兵がヒマなので運動させる方法はないかと考えた末、各甲板の艙口にあたる部分に蓋《ふた》をすれば、その上に馬を出すことができる。それにはクレーンを使って鉄骨や台板を置いたり、外したりする手間が要る。馬欄から馬を一頭ずつ曳き出して『巻き乗り』程度の円周で歩かせることができた。一頭五分ずつにしても数が多いから大変だが、一応の成功を収めることができた」（高橋威彦　獣医将校〔五十三期相当〕『偕行』平成九年三月号）

不可欠だった軍馬の傷病手当に奔走した病馬廠や南方への輸送の苦心談は、戦後になって『偕行』などを通じて初めて明かされたものが多い。戦後になると、あれほど率先して報じていたメディアが口を閉ざしたためである。

紙の中の戦争

支那事変から大東亜戦争を通じて、戦場体験を持つ作家は数多い。だが、陸軍体験者で馬について詳しい記録を残している作家となるとあまり思い出せない。火野葦《ひのあし》平《へい》、山本七平、古山高麗雄、そして伊藤桂一といったところか。

山本七平、古山高麗雄に関してはすでに若干ながら触れたので、ここでは伊藤桂一と火野葦平の作品から軍馬の姿を探ってみよう。

伊藤桂一はノモンハンから支那大陸各地を転戦、さらにインパール戦をくぐり抜けた歴戦の文士である。

戦争とは歩くことなり、とよく言われるが、歩兵も騎兵もよく歩いた。部隊によっては北京から仏印《ふついん》（現・ベトナム）近くまで南下、二千数百キロも歩いている。伊藤桂一もよく歩き、戦い、よく帰還を果たした一人である。「軍隊とは、運隊だ」とも言われるほど、生死は紙一重の差で訪れる。伊藤はその幸運をしばしば書き記している。伊藤が見た馬との逸話に入る前に、入営時の自己紹介を拾えば、

「私は昭和十三年一月に、習志野騎兵第十五連隊に現役兵として入営し、まる一年正規の教育を受け、翌春、朝鮮竜山の騎兵第二十八連隊の兵舎を借りて、騎兵第四十一連隊の編成の時に、その要員に加わり、編成後、山西省へ出動した」（『私の戦旅歌』）

とある。伊藤は騎兵第四十一連隊の二年兵として、山西省で黄土の太行《たいこう》山脈の山奥へと向かっていた。そこで記録された馬の逸話である（抄出）。

［馬と兵隊］

「晋南作戦の時、第一中隊は、部隊の後衛として、太行山脈中の屈指の難関といわれた、天井関《てんせいかん》の敵を攻撃すべく嶮路をたどっていた。作戦開始以来十日余日を経ていて、人馬ともに疲労は極限に達していたが、命令によって天井関を占領せねばならな

かった。のぼり道はむろん、馬を曳いて歩く。

夜行軍をつづけて未明の刻が来ていたが、まだ夜は明けぬので、わずかな視界しかない。崖沿いの道をたどっているときだったが、加島一等兵の曳いていた『精島』という馬が、軟弱な路肩に足をとられて、ずるずると五メートルほど転落してしまった。崖下へ落ちた馬は起き上がれずにもがいている。鞍《くら》を外して、加島一等兵は、驚いて馬の様子をみたが、左前脚を骨折しているのがわかった。加島一等兵は、立たせると、立つには立ったが三本脚で立つ。横田小隊長と金村分隊長が寄って来て、精島の様子を調べたが、骨折していては、もはや中隊と同一行動は無理である。相談して射殺することにきまった。

『加島、行動間の重要任務遂行中だ。やむを得ぬとわかってくれ。馬は、かわいそうだが眠らせてやれ。やれるか？』

分隊長にいわれ、加島は『はい、やります』と返事をせざるを得ない。加島は背に負うていた四一式機銃を外して、安全装置を解き、胸の中で『かんべんしてくれよ。命令なのだ。どうにも救ってやれんのだ。わかってくれ』といいながら、馬の額に銃口をあてて、狙いをつける。

するると、そこへ前方から一騎、引き返してきた者がある。他分隊の山本一等兵だった。山本は、近づいてくると、『撃つな、加島』と呼びかけて、さらに近づいてくると、こういった。『撃つなよ、助けてやれ。撃たなくても、死ぬものは死ぬんだ。

（そうだ、放って行けばいいのだ）

加島は、救われた思いで、決心し、宙に向けて一発撃ち、鞍を積みかえて、山本たちとともに、その場をあとにした。加島は、三本脚で立っている精島を振り返っては、『置き去りにしてすまないな。ゆるしてくれよ』と胸のうちで詫びている。

大休止のあと、後尾にいた兵隊から、逓伝《ていでん》が来た。『うしろに裸馬がついてくる』跛行《はこう》しながらの、栗毛の馬である。精島であることはすぐにわかった。まる二日間、精島は、三本脚で、飲まず食わずに隊伍《たいご》を追ってきたのだ。加島が、下馬して、いたわってやると、精島は、いかにも嬉しそうに顎を寄せてくる。

『感心なものだな。よくついて来たものだ。お前、撃たなかったのだな？』

分隊長に聞かれて、加島は、涙声で委細を話して、精島の命乞いをした」（『秘めたる戦記』）

伊藤桂一は、精島の傍に立って観察している。そして「助けてくれる、と信じている眼である」と馬の眼を見て率直に感じるのだ。上官にも心情が通じ合って、馬が助かり、兵もまた頑張れる。暗く陰惨な面ばかりが強調されがちな戦後の戦争文学のなかにあって、ひときわ光彩を放つのが伊藤桂一だった。

最後に、火野葦平（一九〇七年〜一九六〇年）の代表作『麦と兵隊』を読もう。徐州会戦（昭和十三年四月初旬から六月初旬まで江蘇省、山東省、河南省一帯で展開された作戦）は日に夜をついでの悪戦苦闘。火野の立場は、陸軍報道部員としての従軍作家である。

意外かもしれないが、彼の目は戦火の犠牲になっているはずの現地農民のしたたかな強靭《きようじん》さにひきつけられてゆく。一切の政治や戦争から散々打ちのめされているにもかかわらず、麦畑のなかで執拗《しつよう》な生命力を発揮する人々に目が止まる。凡百《ぼんぴやく》の「戦争文学」の枠《わく》ではくくりきれないものがほとばしる（抄出）。

［麦と兵隊　人馬は進む］

「五月九日

出発。果しもなく続く麦畑の中の進軍である。陽が上がって来ると次第に暑くなって来る。雨が降れば泥濘と化する道は天気になると乾いて灰のようになる。赤い旗のついた竹竿を担いだ乗馬の対空班が先頭を行く。その後から騎兵に前後を護衛された部隊本部が行く。数十頭の乗馬隊が粛々と進んで行くのは絵のごとく、颯爽《さっそう》としたものである。炎熱を避けさせるため、馬は皆菅笠《すげがさ》や編笠を被《かぶ》っている。耳だけ笠に穴を開けて出している。手拭いを被ったのや、葉のついた木の枝を頭に載せているものもある。

五月十二日

夜明けとともに出発。相も変わらぬ海のごとき麦畑の中の進軍である。左右にも蜿《えん》蜒《えん》と続いた部隊が黄塵《こうじん》の中を進軍して行く。この広漠たる平原は、昔徐州に居城を構えた項羽《こうう》を中心にして、三国志の英雄達がその昔大軍を動かして戦い、かけ廻ったところだろうが、なにしろ大変だったろうと思い、それにも増して、昔、こんなところまでやって来て支那人を恐れさせた日本の倭寇《わこう》はえらいものだと今更感心した。

麦畑の中を避難する支那農民が続いている。子供を抱いた女が多い。危害を加えられないということが判ると、立ち止まって兵隊の通り去るのを眺めている。彼等の顔には困惑の表情はない。小休止をすると、部落では支那人が両手にぶら下げられるだけ鶏を捕まえて来て、提供しようという。兵隊が鶏を追っかけていると、竹棒を持って来て手伝うのだ。殺した豚の皮を剝いでくれる。兵隊も殺される豚を眺めながら、文句があったら蔣介石に云えよ、などと云っている。支那人は日本の兵隊を見るとへらへらと御機嫌を伺う例の笑い方をする。此方《こっち》が馬鹿にされているようだが、彼等はこの危機を切り抜けるために全く一生懸命なのだ。その切実なる努力はもとより笑えないものがある。(『麦と兵隊』)

火野葦平はおそらく本能の直観力をもって支那農民を観察している。彼等は日本軍がどんな作戦を展開しようとほとんど何の感傷も抱かない。それどころか生きることに精一杯で、そのためなら日本兵にさえご機嫌をとる逞しさを備えている。

『麦と兵隊』で火野は、兵の孤独を描きつつ支那農民の不動の強靭性もちゃんと見ていた。だが、戦時中のベストセラー作家・火野葦平の作品は、敗戦とともに唾を吐きかけられるような扱いを受けるようになった。前後して書かれた『土と兵隊』と合わせて、この『麦と兵隊』は大陸を征く人馬とその風土を描いた傑作といっていいだろう。

「紙の中の戦争」という表現を使ったのは開高健だったか。私たち大多数は、今では現実の戦場を知らない。山西省や徐州という大自然を舞台にした戦争は、伊藤や火野の残した「紙」の中から知るのみだ。

徐州は支那大陸の東南部、黄河と長江に挟まれた丘陵と平原に囲まれた戦国時代からの要衝地である。昭和十三年五月十九日に徐州が陥落、日本軍優勢のまま終わったものの、国民党軍を撃滅させるには至らなかった。

同名の軍歌『麦と兵隊』（藤田まさと／作詞、大村能章／作曲）の一、二番を聞きながら、人馬の歩む音に耳を傾けてみたい。

1　徐州徐州と人馬は進む　徐州居よいか住よいか
洒落《しやれ》た文句に振り返りゃ　お国なまりのおけさ節　髭《ひげ》が微笑《ほほえ》む麦畑
2　友を背にして道なき道を　行けば戦野は夜の雨
済まぬ済まぬを背中に聞けば　馬鹿を言うなとまた進む　兵の歩みの頼もしさ

第七章

世界戦争史、最後の騎兵戦
「老河口《ろうかこう》作戦」

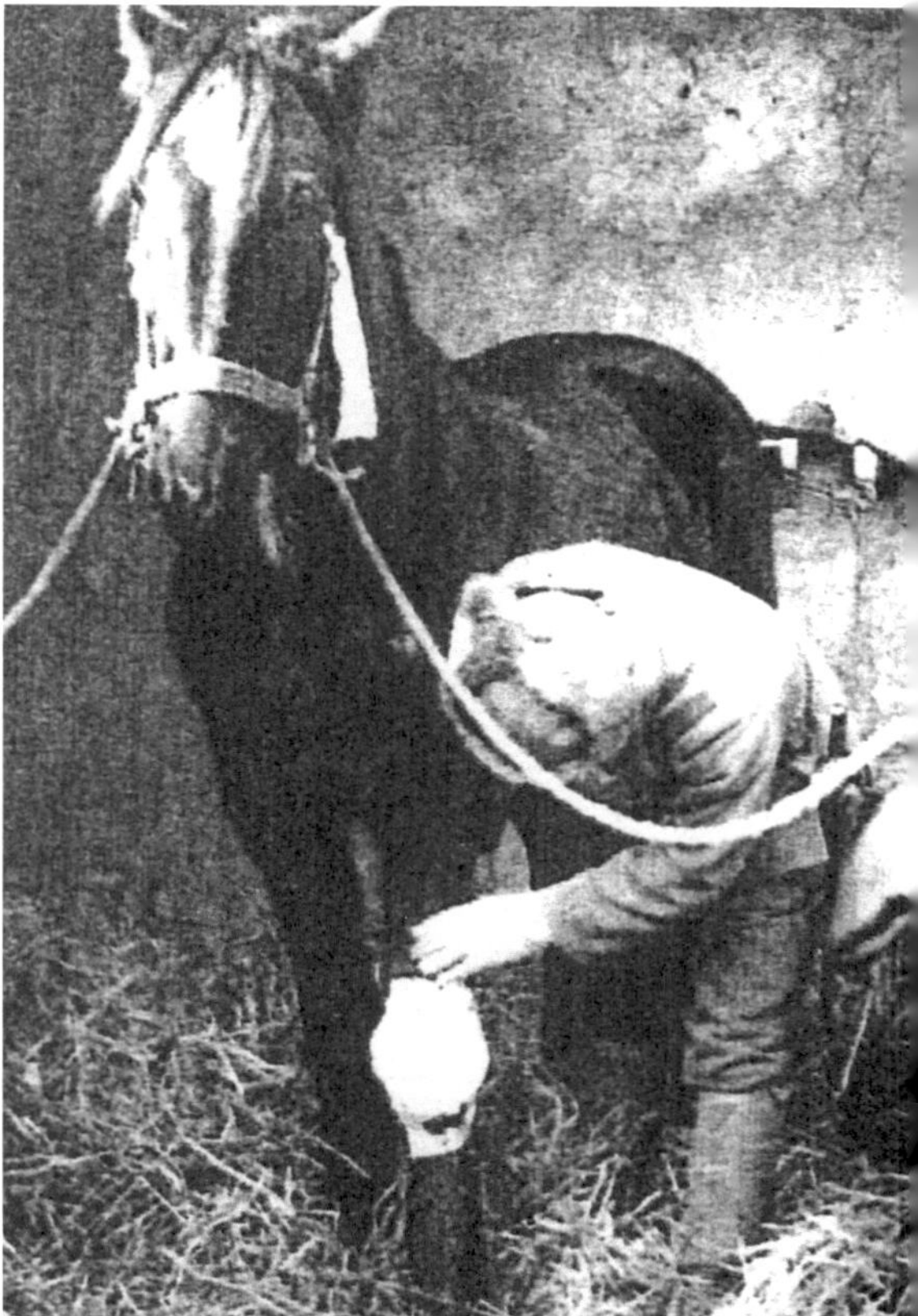

病馬廠における傷の手当。関節の怪我、鞍傷、仙痛…と休む間もない（『戦歿軍馬鎮魂録』より）

破天荒な大作戦

昭和十九（一九四四）年四月から十二月にかけて、日本陸軍は大陸打通《たいりくだつう》作戦（作戦名・一号作戦）を敢行《かんこう》した。

目的は、華北と華南を結ぶ長大な京漢《けいかん》鉄道の路線確保である。支那軍の機動力を殺《そ》ぐと同時に、米軍の長距離爆撃機B－29などの航空基地を占領することなど、いくつかの狙いがあった。投入兵員総数五十万人、作戦距離は実に二千四百キロにも及び、仏印国境付近まで徒歩で打通（日本軍の補給線を通す）しようという膨大な作戦である。大本営陸軍部作戦課長・服部卓四郎《はつとりたくしろう》の発案とされるこの作戦はひとまず成功し、所期の目的は達せられた。だが、連合国側はさらに奥地の湖北省老河口《ろうかこう》や湖南省芷江《しこう》方面にも飛行場を整備、せっかく打通したにもかかわらず、鉄道が爆撃を受けるなど新たな困難が生じていた。当時、米支連合の航空兵力は一千機を越え、日本側は百五十機内外の劣勢だった。

そこで昭和二十年一月、大本営は支那派遣軍に対して、老河口作戦と芷江作戦を命じた。地上部隊を敵戦線奥へ侵攻させ、打通作戦の補完を目指すプランだった。

実は、この危険な作戦に大本営内に異論がなかったわけではない。この時点ですでに南太平洋の絶対国防圏は破られ、とりわけサイパン、硫黄島が玉砕しており、老河口、藍江を攻略したところで、本土空襲阻止に格別の効果が期待できるとは思われなかったからだ。

だが、大陸にいる前線の兵にそのような情報把握ができるはずもなく、また大陸の百万兵士を仮に南方へ送れたとしても、その食糧・弾薬等の補給は不可能だった。よって結果論になるが、作戦は大本営陸軍部と支那派遣軍の〝意地〟という側面も捨てきれない。「陸軍は健在なり」という絶好のサンプルとなり得る、との判断もあっただろう。

この作戦の主眼は、あくまでも騎兵の突破力を基幹として老河口を落とすところにあった。作戦の指揮は岡村寧次《おかむらやすじ》（陸軍大将）である。支那派遣軍の総員百万人の大部隊のなかから、岡村はこの老河口作戦のために第十二軍隷下《れいか》の騎兵第四旅団（略号4KB）を主力に充《あ》て、戦車第三師団を支援部隊として併進させた（ほかに第三十九師団、第百十師団、第百十五師団、第百十七師団の一部が参加）。

第四旅団は明治四十二年四月、愛知県豊橋市で設立された古豪連隊である。市内の小さな公園の一角を訪ねると、いまでも二十六連隊の隊門、歩哨舎《ほしようしや》、連隊碑などが

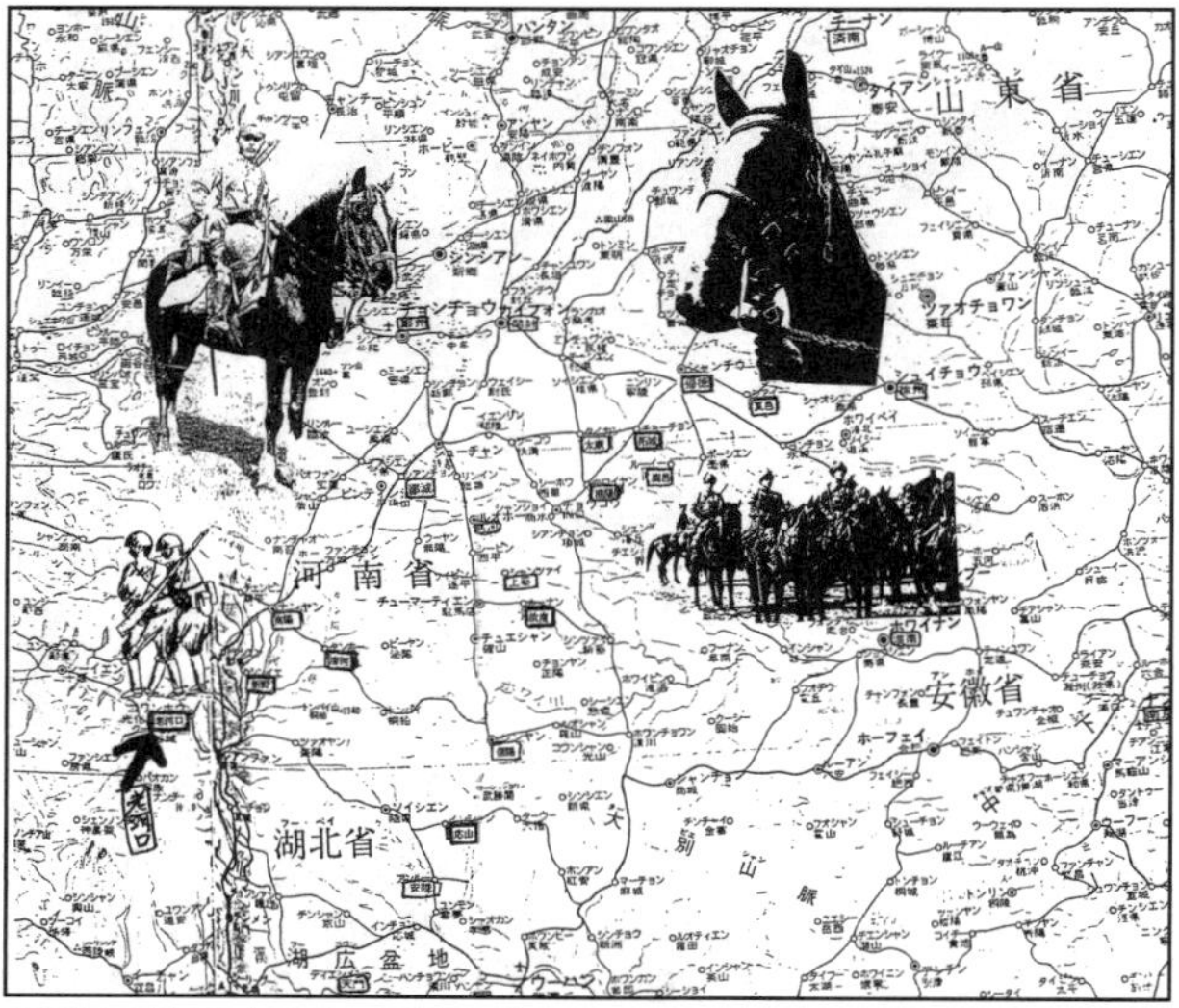

老河口の位置（左下の矢印附近）
（『元騎兵第25連隊　騎兵の蹄跡と軌跡』より）

保存されていた。なお、昭和十七年以降、二十六連隊の現役兵は岡山県地方が中心となったため、慰霊碑は岡山県護国神社に建立《こんりゅう》されている。

昭和期に入って騎兵旅団は次々に機甲化され、「騎兵」の名があるものの、実質的には自動車部隊化されてゆく。

自動車の性能にまだ問題が多かった点はすでに指摘したとおりである。時代の趨勢《すうせい》のなかで、唯一残ったのが騎兵第四旅団（旅団長・藤田茂少将）であった。

騎兵第四旅団には騎兵第二十五連隊（略号25K）と第二十六連隊（略号26K）が属し、両連隊は各六個中隊で一千二百四十八人（機関銃中隊、迫撃砲中隊各一を含む）。これに騎砲兵、輜重兵《しちょうへい》を加えた総員三千六百人、軍馬総数三千七百頭（昭和二十年、北支・帰徳における第四旅団記録）という空前の大部隊がここに編制された。

旅団本部の駐屯地は徐州に近い河南省南邱の帰徳に設置され、昭和二十年三月一日、侵攻部隊は第一次集結地・汝南《じょなん》に向けて出発した。汝南到着は三月十日前後とされる。

老河口と言っても、あの広い大陸のどの辺を指すのか、読者には分かりにくいかもしれない。参考に付した地図の南西下方に矢印で示した町を見つけていただきたい。中原の古都・洛陽《らくよう》の南およそ三百キロ、旅団本部のある帰徳からも南西に直線で約三百キロ余に位置する。当時の人口五万、交通・商業の要路にある古都に、米空軍が基地を敷設《ふせつ》した。老河口までは相当な紆余《うよ》曲折《きょくせつ》路を越えるため、実質三百五十キロ近くはあったのではないか。

敵は連合国軍、特に米軍の膨大な火器、航空機、資材援助を得た支那軍大部隊である。機銃掃射を避けるため、夜間の隠密《おんみつ》行軍が数日間続いた。最後は騎馬で一気に疾駆、城攻めをしようというのだから、恐ろしくも遠大、破天荒《はてんこう》な攻撃作戦と言わざるを得なかった。

騎兵の本領

騎兵第二十五連隊長・古沢末俊大佐、同二十六連隊長・山下彦平大佐率いる兵馬二千五百の大部隊は、二列縦隊となって夜間行軍を開始した。騎兵部隊はただでさえ目立ちやすいうえに、もうもうたる黄塵《こうじん》を巻き上げるため、空からの攻撃には脆《もろ》い。夜間、右側に二十五連隊、左側に二十六連隊が縦走、二本の矢のようにして突進する構えを作った。

騎兵の本領は疾風怒濤《しっぷうどとう》の急襲力にあるとされる。馬は一度仕掛けたら突進する本能を持っている。騎兵にもまた同じような気質があるようだ。並行して進む相手に負けたくないという競争心理が働く。先頭に続き、後れをとるのを恥とするのは人馬とも似た性格といえそうだ。その点を騎兵第四旅団の藤田旅団長はよく心得ていたというべきか、二十五連隊、二十六連隊の両連隊長をあえて競わせ、対抗意識を煽る策をとった。

この戦いが後世、「世界戦史、最後の騎兵戦」と称されるようになるのだが、もちろん戦時中は誰にもそのような事情は分からない。この騎兵戦を一躍斯界《しかい》に知らしめたのは、ジャーナリストで軍事評論家・伊藤正徳《いとうまさのり》（共同通信社理事長、時事新報社社長など）である。昭和三十五（一九六〇）年、大部の『帝国陸軍の最後』中で、「騎兵戦に有終の完勝」として概要を述べたことによる。伊藤の作品から関連部分を引いておこう（抄出）。

「当時、米英仏は既に騎兵を全廃し、ソ連も大急ぎで廃止中であり（一個軍団が未整理中だった）、日本はシナ戦場の特殊性を考えて、一個旅団だけを残置し、帰徳に本拠地をおいて警備についていた。旅団長藤田茂少将の下に古豪連隊長があり、馬齢平均は十五歳程度に老いていたが、将兵は、自分たちこそ天下に残れる唯一の騎兵隊としてその伝統の終りを全うする意気に燃えていた。

騎兵第四旅団は、何柱国将軍の警備区域を縦走疾駆すること三百キロ、三月二十六日、老河口城の前面に到達し、その第一防御陣地馬屈山《ばくつざん》（高さ三百メートルの広い丘陵）を夜襲してこれを占領、そこで敵の逆襲と戦うこと三昼夜、四月一日の城門突入は阻《はば》まれたがなお屈せず、後に杉浦中将の第百十五師団と協力して、四月八日、遂にこれを占領した。

これが、世界戦史における騎兵の最終の戦闘であって、藤田旅団は幸いに優等なる成績をもって、世界騎兵の終りを全うしたということができる」(『帝国陸軍の最後』第二巻・決戦篇、文藝春秋新社刊)

伊藤が言う馬屈山の占領は、たしかに二十六連隊の戦果で、旅団長が競わせた結果は先に二十六連隊によってもたらされた感がある。二十六連隊の活躍が、巷間《こうかん》華々しく喧伝《けんでん》されるのもこのためであろうか。まずは二十六連隊の戦況から見てみよう。

騎兵第二十六連隊の戦闘

二十五連隊も二十六連隊も、難行苦行は同様なはずである。折から大洪水のあとで泥濘《でいねい》膝を没し、白河をはじめ、いく筋かの河川渡河も同じ条件だった。加えて戦場は完全な敵の制空権下にあって、明るくなったら動きようがない。

馬匹といえば、平時なら廃馬になるような十五歳の老齢。この老馬で六夜連続四十キロずつ走破するというのも同じ条件だったはずだが、後世、二十六連隊のほうがどうも戦果が華々しかったように伝わっている。

「三月二十四日、日没とともに旅団は並列から一縦隊となり、二十五連隊が前衛、敵線突破を企図《きと》せしも敵の警戒厳重なるを知り戦闘を避け進路を反転して山岳地帯を目指す。我が連隊は山岳地帯の粗悪狭隘《きょうあい》なる道路を広げ、傾斜を緩やかにしながら分散潜伏す」（『騎兵第二十六連隊史』）

としたうえで、二十六連隊が先に老河口一番乗りを果たし、天王山であった馬屈山を占領するという大成果を挙げた、と赫々《かっかく》たる戦果を誇っている。二十六連隊山下連隊長の夜間機動記録を見てみよう。（抄出）。

第一夜

「今夜の機動は概して農耕地域なりしか何の妨害もなく平穏裡に前進す。住民は朝餉《あさげ》の準備を始める時に、突如わが乗馬大部隊の侵入を受けたのだが、逃走するかと思いの外、案外平穏でむしろ好意を示さんとする傾向あり大いに安堵す。然《しか》し警戒は一層厳重にし、住民の交通を遮断し、馬匹は家屋内等に隠して、ここに昼間の潜伏第一日を迎えた」

第六夜

「二十キロ先の老河口に向かい急進を開始した。時まさに三月二十七日朝一時半ごろ。馬は首を垂れて深い疲労の色を示し、主人に鼻梁《びりよう》を擦《こす》りつけてくる。水が欲しいのだろう。しかし残念だが、水がない。わずかに鼻梁を撫でてやるだけでなす術《すべ》もない」

馬屈山占領

「三月二十七日の朝は明け、天明とともに馬屈山方向からの砲撃は激烈となり、本部前にさかんに落下した。午前九時、敵機二機来襲。そのうちに黒煙が天に冲《ちゆう》して、耳も割れ天地も崩れんばかりの銃砲声や砲弾の炸裂音《さくれつおん》が起こり出した。十一時、戦線は活気を呈し始め、敵陣地に突入の喚声が起こった。彼我激突し、突き合い斬り合っている軍刀がピカリと輝き、戦場は修羅場となった。

各中隊はこれに屈せず、馬屈山を西、東、南の三面から包囲し馬屈山に近迫した。本部が馬屈山上に進出したのは、三月二十七日の正午だった。最後の目標老河口を眼下に見下ろした瞬間の気持は格別であった。これで第一の目的、飛行場占領は達成できた」（『騎兵第二十六連隊史』山下彦平大佐）

山下連隊長は、二十六連隊の馬屈山と飛行場（原っぱ状態）攻略までを以上のように記した。馬屈山とは老河口飛行場を見下ろす小高い丘で、天然の要塞になっている。

騎兵第二十五連隊の苦闘

二十六連隊が馬屈山と飛行場を占領している間、二十五連隊は老河口城攻略の総攻撃を開始していた。三月三十日の明け方である。この攻防戦で二十五連隊はかなりの死傷者を出す苦戦を強《し》いられるのだが、死闘をくぐり抜けた末、遂に城内に攻め込んだ。

二十六連隊の戦闘のほうが後年とかく華々しく目立った、と述べた大きな理由の一つはこうだ。騎兵第四旅団が属する第十二軍司令官内山英太郎中将から、老河口攻略の武勲に対して後日、「感状」が授与されたのだが、その文面には二十五連隊の文字が一行一字もなかった。「感状」には騎兵二十六連隊の馬屈山占領の功績と、旅団長の卓越した指揮統率力を讃える美辞だけが連《つら》ねられていたのだ。

はたして、それで済まされていいのだろうか、と作家・伊藤桂一は二十五連隊の卓抜した戦闘力を再評価した一人だ。城攻めを得意としない騎兵が、馬を捨て、あえて死戦を決行したのである。伊藤桂一の一文から拾おう。

「騎兵第二十五連隊の、老河口城への総攻撃が決行されたのは、三十日の払暁《ふつぎよう》からである。城壁の西北角（漢水側）を破壊して突入することになった。連隊は、山砲、速射砲、機関銃、擲弾筒《てきだんとう》をもって、約三十分間、城壁と城壁上の各敵火力に向けて撃ち込み、城壁の一部を破壊した。城壁上には、びっしり、といっていいほどの敵の銃座があり、それがいっせいに火を噴いているので、梯子《はしご》をのぼりかけてはつぎつぎに落ちる。しかも、交代してはのぼってゆく。敵は手榴弾《しゆりゆうだん》を束にして投げ落としたりしたが、攻める側はものともしない。つぎつぎに城壁を乗りこえると、内部は急斜面になっているので、これをすべり下りる。下にいる敵兵と白兵戦になり、それを突き崩すと、上から手榴弾が降ってくるし、機関銃弾が足もとを洗ってくる。守る側が完全に有利である。

軍医も死に、衛生兵もみな死傷し、結局、中隊長で生き残ったのは、中島（正勝）大尉ひとりとなったが、中島大尉にしても、負傷して鉢巻をしながらの指揮である。

これは、あとでわかったことだが、二十七日午後、騎兵第二十五連隊が『最後の突撃を行いたいから許可をいただきたい』という意向を無電で旅団長に伝えていた時、旅団長に呼ばれて、ちょうどその時その場に来ていた騎兵第二十六連隊長の山下大佐は、旅団長に意見を求められ、こう答えている。

『飛行場を制圧している以上、騎兵第四旅団の任務は終了しているのであり、老河口の市街の攻略までは命じられていない。今突っ込めば全滅必至。二十五連隊が今ごろ、残余の兵力で突撃を敢行するなどとはバカげた話である』

これは、いかにも実践派の指揮官らしい冷静な判断である。同時に、非情で独断的な見解である」（『完本・太平洋戦争』四）

二十七日に馬屈山と飛行場を占領した二十六連隊は、三十日未明の老河口南関攻撃に出撃したものの、最重要とされた南門城壁には近づけなかった。旅団命令で、結局、戦場を離脱している。また、支援のため後着した独立歩兵隊も、再度に及ぶ東側城壁攻撃を試みたがこれも成功しなかった。

つまり、ともかくも老河口の城内に攻め込んだのは二十五連隊のみであった。もちろん、そのために大きな犠牲（老河口作戦だけで死者四十七名）を払うことにはなった。そこへ、旅団司令部から「二十五連隊は払暁前の態勢に復帰せよ」との命令が伝わってきた。つまり、いったん撤退せよ、ということだ。

兵の心情は「バカ野郎、いまさら引けるか。死傷者に申し訳が立たない」というものだったが、将校で生き残った中島大尉はそれをなだめ、司令部の指示に従うべく城外へ出た。連隊長は「ご苦労、頑張ってくれた」と手を握ってくれたが、生き残った突撃部隊は無念の涙を流したのだった。

中島元大尉の心情

老河口作戦はこのあと、第百十五師団の十分な兵力と戦闘力をもって完全制覇し、米空軍の飛行場、燃料等を破壊して目的を達した。昭和二十年四月八日のことである。第十二軍司令官内山中将の「感状」に二十五連隊の名はなかったが、現場指揮官だった中島元大尉は、戦後になって「感状」に感謝しつつ、次のように書き残している（抄出）。

「連隊苦戦の情況下、旅団命令に依り戦場に駆けつけ救援した第四中隊及手馬位置の兵力追及等、今考えても眼頭が熱くなるものを禁じ得ない。幸いにして軍司令官より感状を授与されたが、老河口作戦を通じ中隊長以下多数の戦死者を出したことは連隊長戦闘指揮の至らざるところと慙愧《ざんき》に堪《た》えないものがある」（『騎兵第二十五連隊史碑』）

だがその反面で、同大尉は公刊戦史『昭和二十年支那派遣軍』中の老河口作戦にかかわる二十五連隊の記述を諒《りょう》とせず、義憤《ぎふん》に駆られた心情を吐露している。『騎兵第二十五連隊戦歴追憶誌・特別付録』に掲載された中島元大尉の一言は、何十年経ってもまだ火のように熱く、消えない（抄出）。

「同書には26Kの行動が戦術的に高く評価され、25K将兵は無駄死であるかの如く印象づけられている事は痛憤《つうふん》に絶えないのでありました」

として、公刊戦史の関連各ページを引きながら個々に反論を示し、戦史の誤り、二十五連隊の正確な戦闘状況を述べ反駁《はんばく》している。それらの正誤関係を個別に紹介する紙幅はないが、「むすび」の一節には思わず目を止めざるを得ない（抄出）。

「本戦闘で高級指揮官は二度大きなミスを犯している。それは敵情判断の誤りである。26K山下大佐は、公刊戦史の発言によると城中の敵、強力と判断された様であるが、南門よりの突入を敢行されなかったのは、25Kは歩兵三十大隊の突入により退却の敵を待っていわゆる戦果をあげようと企図されたのであろうか？

何《いず》れにしろ26Kの南門突入が無かったため、25Kは城の西北角攻撃正面三百メートルに敵主力の総攻撃を受け、一日中飲まず食わず死闘を続けた事を山下大佐はどう受け止められるであろうか所信を承りたい。藤田旅団長も山下大佐も未だ存命中である（昭和五十年）。本作戦の功績の故か、戦闘直後中将に昇進した藤田旅団長は、この戦場をあとにされた……飯盒《はんごう》に入ったままの部下の霊に一回の合掌すらなく……」

と、厳しい批判をあえて公言している。

この『連隊戦歴追憶誌』が刊行された時点で、中島元大尉はすでに冥界《めいかい》へ旅立っていた。だが、同書の再版時にも連隊仲間がこの「あとがき」をあえて再録しているということは、それだけ中島元大尉の心情を共有する戦友が多かったからだろう。公刊戦記といえども絶対ということはない。死んだ戦友、軍馬のためにも、確かな証言を残したいと考える現場指揮官の声も聞き洩らせないだろう。

騎兵第 25 連隊時代の藤原茂氏（本人蔵）

それにしても、平成十六年に刊行されたこの『騎兵第二十五連隊戦歴追憶誌』からすでに十二年以上が経過した。世界戦史最後の騎兵戦を戦った栄光ある両連隊である。ここは、すべての英霊が安らかに眠られることを祈るのみである。

「最後の騎兵」に聞く

昭和二十年八月、騎兵第四旅団は河南省で消耗した兵馬の補強を図っていた。そこで終戦の報《しら》せを耳にしたのだが、自分たちは負け戦をしていないので、青天の霹靂《へきれき》のような衝撃が部隊全員に走ったという。連戦連勝の部隊にしてみれば無理もない。

老河口作戦のあと、保定《ほてい》（北京南西部の都市）の幹部候補生隊に入隊、八達嶺《はったつれい》（北京郊外の長城）で終戦を迎え、復員した元騎兵第二十五連隊の一人が、実はいまなお健在だった。取材に応じてくれたのは、愛媛県松山市在住の藤原茂氏である。「靖國神社の軍馬慰霊像」の章で紹介した「松山市には『軍馬・軍犬・軍鳩《ぐんきゅう》・家畜慰霊塔』がある」というお手紙をいただいた方だ。

終戦後七十年余を経た今日、最後の騎兵連隊出身で、なおかつ記憶が完璧な証人がいるとは驚きでもあった。藤原氏は大正十四年九月生まれというから取材時で九十一歳だが、矍鑠《かくしやく》たる身のこなしと頭脳の明晰《めいせき》さは目を見張るばかり。以下、藤原氏の体験談を聞きながら、世界戦争史最後の騎兵戦を偲《しの》びたい（聞き手は筆者）。

——まず、簡単な軍歴から教えてください。

藤原　昭和十九年十一月二十日、京都・丹後出身の私は大阪中部第二十二部隊に入営、現役兵として騎兵二十五連隊に入隊しました。十九歳で二等兵。従軍経路を簡単に申せば、博多から船で釜山へ渡り列車で北上、鴨緑江《おうりょくこう》を渡り、今度は満洲から南下して天津、徐州を経て旅団本部のある帰徳に着きます。

そこからトラックでエンストを繰り返しながら、准陽へ着いたのが十二月四日でした。翌二十年三月一日に老河口作戦のため出発します。

幹部候補生の試験を受けていた私は五月初旬、兵科幹部候補生となって兵長へ進み、さらに六月一日付で甲種幹部候補生を命ぜられ、伍長に進みました。途上、上等兵の発令は届かず知らないうちに済んだので、一等兵から兵長となり、照れ臭かったものです。最後は軍曹で復員しております。

——担当馬が決まるまでは、どのような経緯だったのでしょうか。

藤原　これには傑作な話があります。大阪で入隊した時、実はラシャの真新しい軍服、新品の長靴、拍車の支給を受け、ピカピカで准陽での入隊式に臨んだのですが、その翌日、大阪で貰った新品の軍服、長靴、拍車、それに天津で支給された同じく新品の飯盒、水筒などはすべて返納させられ、古い軍服やオンボロ長靴などに替えさせられたんです。なんのことはない、全員で大阪、天津からの補給をやらされたというわけです。軍隊は無駄を省くのがうまいなあ、と感心もしましたが、軍隊とはあらゆる物資を「運ぶもの＝運隊」だとも悟ったものです。そして馬割りといって、担当馬が決められました。私の馬は「中霜」といって十七、八歳の老馬、やや小柄で決して見栄えのする馬ではなかったですが、強くて賢くておとなしい馬でした。担当の馬を毛付と軍隊では言いますが、一度決まったら、どちらかが戦死傷するまでともに暮らすのです。

「中霜」は蹄《ひづめ》が強いのが自慢だったのですが、最後に蹄葉炎《ていようえん》という蹄が化膿する病に罹《かか》り、涙を呑んで殺処分せざるを得なかった。こんなに悲しい思い出はほかにありません……。

——ところで、老河口作戦ではどのような位置で戦われたのですか。

藤原　第四中隊で当時、旅団長の尖兵《せんぺい》中隊として最前線におりました。昭和二十年三月二十五日の暗夜、白河を越えたのです。幅約百五十メートル、水深一・五メートルの敵前渡河を敢行した例は、世界の騎兵史にもないと聞いています。鞍《くら》の上に胡坐《あぐら》をかいた恰好で渡河した途端、敵機の機銃掃射を浴びた。

　その後、私たちの中隊は旅団司令部護衛を命じられたため、三十日未明の突入には直接参加しなかったものの戦闘が激しくなり、遂に最後は北関まで出て連隊の救援に出動しました。

藤原茂氏近影

——「中霜」を失ったあとはどうされたのですか。

藤原　しばらくは自分だけ徒歩で行軍させられ、こんな情けないものはなかった。やがて牝馬《ひんば》の補給があったのですが、季節柄、発情するんです。そこへ牡の支那馬（現地ではチャン馬と呼んでいた）が奇声を発して突進してくる。支那馬に乗っていた古年兵が怒るけれど、こればかりは私の責任ではない。連隊が大損害を受けるなか、生きながらえてこられたのは運が良かったとしか言いようがありません。軍隊はモノを運ぶ「運隊」であると同時に、吉凶の「運隊」でもあるとつくづく思っています。

藤原氏は「中霜」と別れてから、とある夜半、夢のなかで「中霜」の嘶《いなな》きを耳にした。もう一度、耳を澄ましてみたが、やはり間違いない。が、ぱっと跳ね起きて営庭に出ると、そこへ「中霜」が駆けつけてきて頰を擦《す》り寄せてきた。思わず頰ずりを繰り返し、零下十数度の寒夜に立ち竦《すく》んでいた——と、最後に藤原氏は「空耳」や夢にまで出てくる愛馬のことを語ってくれた。

英国軍の卑劣

昭和十九年に発せられた「大陸打通作戦」の先鋒隊《せんぽうたい》として、第三十七師団は仏印国境からさらにタイ国への進駐を命ぜられた。昭和二十年六月、バンコク市の東北約百三十キロにある古都ナコンナヨークに着いた同師団は、堅固な陣地を構築したところで終戦を迎えたのである。

文字どおり長征万里、数千キロにも及ぶ最も過酷で日本一長い距離を歩いた師団は、この先さらに思いもかけない悲痛の極みを体験させられる。終戦の大詔渙発《たいしょうかんぱつ》後、英軍に抑留されている際、多数の軍馬を日本軍自らの手で銃殺または撲殺処分にせよ、との命を下されたのである。命じたのは、駐タイ英軍最高司令官イーバンス少将。武装解除された第三十七師団は、タイのナコンナヨークとマレー半島に分断され、なぜかナコンナヨークだけに処分命令が出されている。その詳細は、『ナコンナヨークの碑《いしぶみ》』と題する師団史（『軍馬慰霊二題』偕行社援護委員会編）に遺されている。関連部分を以下に引いてみよう。

「タイ・ナコンナヨークの終結

第三十七師団主力　師団長・佐藤　中将（陸士二十九期）

人員　約一万名

日本馬　約千五百頭　大陸馬　約千五十頭

十月初め、英司令官は『日本馬は銃殺し、大陸馬は撲殺せよ』と命じて来た。英司令部は山砲一個中隊に対し、拳銃一挺と銃殺する馬の頭数だけの拳銃弾、一頭につき一発を支給し予備弾はゼロであった。敗戦の責め苦を背負わされた悲運の軍馬たちに、我が将兵のやり場のない悔し涙がとめどもなく流れ落ちた。射手が口の中で『般《はん》若心経《にゃしんぎょう》』を唱えながら引き金を引いた。

馬は既に死期を悟っていたのか、悲しげな眼を射手に向けて立っていたが、一発の命中弾で壕内に倒れ伏した。大陸馬（支那馬、ロバ、ラバ）千五十頭の処理は、十字鍬《しゅう》やハンマーで、額の急所を叩いた。馬も兵もまさにこの世の地獄であった」（抄出）

昭和六十四年、ナコンナヨークの名刹《めいさつ》プランマニー寺に、第三十七師団の兵馬鎮魂の慰霊碑が建立された。ここに長征途上力尽きて倒れた多くの将兵と軍馬二千七百頭余が眠っている。

軍馬を殺させたナコンナヨークの現場に、ジョージ六世とチャーチルを連れて来て見せてやりたかった、と多くの将兵は憤怒《ふんぬ》の涙にくれたという。

参考文献

帝国競馬協会編『日本馬政史』(一〜四巻) 帝国馬政協会発行、一九二九年
佐久間亮三、平井卯輔編『日本騎兵史』(上下) 原書房、一九七〇年
戦歿軍馬慰霊祭連絡協議会編『戦歿軍馬鎮魂録』偕行社、一九九二年
栗林元二郎『馬』「馬」刊行会、一九六八年
明石元紹『今上天皇　つくらざる尊厳』講談社、二〇一三年
角田房子『責任　ラバウルの将軍今村均』新潮社、一九八四年
ハルマヘラ戦記編纂委員会編『ハルマヘラ戦記』ハルマヘラ会、一九七六年
池部良『ハルマヘラ・メモリー』中央公論社、一九九七年
竹田恒徳『馬　よもやま話』ベースボール・マガジン社、一九八九年
土井全二郎『軍馬の戦争』光人社、二〇一二年
武市銀治郎『富国強馬』講談社選書メチエ、一九九九年
河田恒夫『馬と兵隊』大衆書房、一九九八年
早坂昇治『馬たちの33章』緑書房、一九九六年
森田敏彦『戦争に征った馬たち』清風堂書店、二〇一一年

森田敏彦『犬たちも戦争にいった』日本機関紙出版センター、二〇一四年
上澤謙二『将兵を泣かせた軍馬・犬・鳩・武勲物語』実業之日本社、一九三八年
上原要三郎『輜重兵㊙日記』国書刊行会、一九八三年
森下浩『愛馬は征く』子安農園出版部、一九四二年
吉田庚『軍馬の想い出』新人物往来社、一九七九年
堀内敬三『定本　日本の軍歌』実業之日本社、一九六九年
金田一春彦・安西愛子共編『日本の唱歌』(下) 講談社文庫、一九八二年
軍馬補充部三本木支部編『軍馬のこころ』軍馬補充部三本木支部創立百周年記念実行委員会、一九八七年
小田部雄次『昭和天皇実録評解』敬文舎、二〇一五年
皇室皇族聖鑑刊行会編『皇室皇族聖鑑』宮内省図書寮所蔵、一九三三年
河野正義編『明治天皇御一代記』東京国民書院、一九一二年
吉田秀一編『蹄のあと』月田茂発行 (限定版)、一九七四年
大瀧真俊『軍馬と農民』京都大学学術出版会、二〇一三年
遊佐幸平『馬狂放談』那須書店、一九五八年
中西進『万葉集』講談社文庫 (一~四巻)、一九七八年~一九八三年

山本七平『私の中の日本軍』文春文庫（上下）、一九八三年
楠戸義昭『戦国武将名言録』ＰＨＰ文庫、二〇〇六年
高峰秀子『わたしの渡世日記』文春文庫（上）、一九九八年
黒澤明『蝦蟇の油』岩波書店・同時代ライブラリー、一九九〇年
山本嘉次郎　シナリオ『馬』東宝映画株式会社、一九四〇年
水上勉『兵卒の鬃』角川文庫、一九八一年
伊藤桂一『秘めたる戦記』光人社ＮＦ文庫、一九九四年
伊藤桂一『私の戦旅歌』講談社文芸文庫、二〇〇七年
古山高麗雄『フーコン戦記』文春文庫、二〇〇三年
古山高麗雄『龍陵会戦』文春文庫、二〇〇三年
古山高麗雄『プレオー８の夜明け』講談社文芸文庫、二〇〇一年
火野葦平『土と兵隊・麦と兵隊』新潮文庫、一九六三年
西尾幹二『ＧＨＱ焚書図書開封』（３）徳間書店、二〇〇九年
磯田道史『殿様の通信簿』新潮文庫、二〇〇八年
牧野吉晴『軍馬』春陽堂文庫、一九四四年
本村凌二『馬の世界史』中公文庫、二〇一三年

本庄繁『本庄繁日記』山川出版、一九八二年
ロバート・フォーチュン『幕末日本探訪記』講談社学術文庫、一九九八年
大塚四千男『太平洋戦争期日本自動車産業史研究』日本自動車工業会、一九六八年
高橋威彦編『第三十三師団病馬廠史』第三十三師団史誌編纂会、二〇〇二年
伊藤正徳『帝国陸軍の最後』(第二巻)文藝春秋新社、一九六〇年
中島正勝(発行責任者)『騎兵第二十五連隊史碑』騎兵第二十五連隊会、一九七五年
騎兵二五連隊戦友会編『花の騎兵第二十五連隊戦記』(上下)、二〇〇四年
騎兵第二十五連隊会『騎兵第二十五連隊戦歴追憶誌　特別付録』、二〇〇四年
騎兵第二十六連隊会編『騎26会報』バックナンバー
准陽会編『追憶准陽』、一九八四年
足立清一編『騎兵第二十六連隊史』騎兵第二十六連隊会、一九六九年
偕行社援護委員会編『軍馬慰霊二題』、二〇〇四年、二〇一〇年
「偕行」バックナンバー
『立太子記念御写真帖』妙義出版社、一九五二年
宮内庁書陵部編『昭和天皇実録』、二〇一四年
靖國神社「偕行文庫」所蔵史料

「平和祈念展示資料館」所蔵史料

その他、雑誌、新聞等は本文に記したとおりです。

切りとり線

★読者のみなさまにお願い

この本をお読みになって、どんな感想をお持ちでしょうか。祥伝社のホームページから書評をお送りいただけたら、ありがたく存じます。今後の企画の参考にさせていただきます。また、次ページの原稿用紙を切り取り、左記まで郵送していただいても結構です。

お寄せいただいた書評は、ご了解のうえ新聞・雑誌などを通じて紹介させていただくこともあります。採用の場合は、特製図書カードを差しあげます。

なお、ご記入いただいたお名前、ご住所、ご連絡先等は、書評紹介の事前了解、謝礼のお届け以外の目的で利用することはありません。また、それらの情報を6カ月を越えて保管することもありません。

〒101-8701（お手紙は郵便番号だけで届きます）
祥伝社新書編集部
電話03（3265）2310
祥伝社ホームページ　http://www.shodensha.co.jp/bookreview/

★本書の購買動機（新聞名か雑誌名、あるいは○をつけてください）

＿＿＿＿新聞の広告を見て	＿＿＿＿誌の広告を見て	＿＿＿＿新聞の書評を見て	＿＿＿＿誌の書評を見て	書店で見かけて	知人のすすめで

★100字書評……靖国の軍馬

名前

住所

年齢

職業

加藤康男　かとう・やすお

1941年、東京生まれ。編集者、ノンフィクション作家。早稲田大学政治経済学部中退の後、出版社勤務。雑誌・文芸書の編集に長く携わり、退職後は近現代史などの執筆活動に入る。綿密な調査から浮かび上がる、歴史の真実に肉薄した作品には定評がある。『謎解き「張作霖爆殺事件」』(PHP新書)で、山本七平賞奨励賞を受賞。『禁城の虜―ラストエンペラー私生活秘聞』(幻冬舎)、『関東大震災「朝鮮人虐殺」はなかった』『昭和天皇　七つの謎』(ともにワック)、『慟哭の通州―昭和十二年夏の虐殺事件』(飛鳥新社)、『三笠宮と東條英機暗殺計画』(PHP新書)など著書多数。

靖国《やすくに》の軍馬《ぐんば》

加藤康男《かとうやすお》

2017年8月10日　初版第1刷発行

発行者……………辻 浩明
発行所……………祥伝社《しょうでんしゃ》
〒101-8701　東京都千代田区神田神保町3-3
電話　03(3265)2081(販売部)
電話　03(3265)2310(編集部)
電話　03(3265)3622(業務部)
ホームページ　http://www.shodensha.co.jp/
装丁者……………盛川和洋
印刷所……………萩原印刷
製本所……………ナショナル製本

Printed in Japan　ISBN978-4-396-11514-2　C0221

〈祥伝社新書〉
近代・現代史

344
蔣介石の密使　辻政信
二〇〇五年のＣＩＡ文書公開で明らかになった驚愕《きょうがく》の真実！
近代史研究家　**渡辺　望《のぞむ》**

332
北海道を守った占《しゅむ》守《しゅ》島《とう》の戦い
終戦から3日後、なぜソ連は北千島に侵攻したのか？　知られざる戦闘に迫る
自由主義史観研究会理事　**上原　卓《たかし》**

351
英国人記者が見た　連合国戦勝史観の虚妄
滞日50年のジャーナリストは、なぜ歴史観を変えたのか？　画期的な戦後論の誕生！
ジャーナリスト　**ヘンリー・Ｓ・ストークス**

429
日米開戦　陸軍の勝算
「秋丸機関」の最終報告書
「秋丸機関」と呼ばれた陸軍省戦争経済研究班が出した結論とは？
昭和史研究家　**林　千《ち》勝《かつ》**

460
石原莞爾の世界戦略構想
その思想と行動を徹底分析し、戦略なき国家・日本の姿を確認する
名古屋大学名誉教授　**川田　稔《みのる》**